FRITZ RASKOP

38 SCHALTBILDER

MAPPE C

für Dreiphasen-Zweischichten-Stabwicklungen

TECHNISCHER VERLAG HERBERT CRAM · BERLIN W 30

Blanketts der Grundschemata für 2, 4, 6 und 8 Stäbe sind vom Technischen Verlag Herbert Cram, Berlin W 30, Genthiner Straße 13 zu beziehen. Preis für je 10 Blanketts, auch gemischt, DM 5,–, bei Bezug von 50 und mehr für je 10 Blanketts DM 4,50 zuzüglich Versendungskosten

Printed in Germany · Druck von Walter de Gruyter & Co., Berlin W 30

Inhaltsverzeichnis

1	2	3	4	5	6	7
altbild Nr.	Tabellen-Nr.*)	Nutenzahl	Stabzahl total	Stäbe je Nute	Polzahl	Drehzahl bei 50 Hz
1	42	12	48	4	2	3000 n
2	43	18	36	2	2	3000 n
3	44	18	72	4	2	3000 n
4	45	18	108	6	2	3000 n
5	46	18	144	8	2	3000 n
6	47	24	48	2	2	3000 n
7	48	24	96	4	2	3000 n
8	49	24	144	6	2	3000 n
9	49 A	18	72	4	4	1500 n
10	49 B	18	108	6	4	1500 n
11	50	18	144	8	4	1500 n
12	51	24	48	2	4	1500 n
13	52	24	96	4	4	1500 n
14	53	24	144	6	4	1500 n
15	54	36	72	2	4	1500 n
16	55	36	144	4	4	1500 n
17	56	48	96	2	4	1500 n
18	57	48	192	4	4	1500 n
19	58	54	216	4	4	1500 n
20	59	60	120	2	4	1500 n

1	2	3	4	5	6	7
Schaltbild Nr.	Tabellen-Nr.*)	Nutenzahl	Stabzahl totaal	Stäbe je Nute	Polzahl	Drehzahl bei 50 Hz
21	60	60	240	4	4	1500 n
22	61	72	144	2	4	1500 n
23	62	36	72	2	6	1000 n
24	63	36	144	4	6	1000 n
25	64	54	108	2	6	1000 n
26	65	72	144	2	6	1000 n
27	66	90	180	2	6	1000 n
28	67	108	216	2	6	1000 n
29	68	36	144	4	8	750 n
30	69	48	96	2	8	750 n
31	70	72	144	2	8	750 n
32	71	96	192	2	8	750 n
33	72	120	240	2	8	750 n
34	73	60	120	2	10	600 n
35	74	60	240	4	10	600 n
36	75	90	180	2	10	600 n
37	76	120	240	2	10	600 n

***) Die Tabellen-Nummern beziehen sich auf die Zahlentabellen für Stabwicklungen in Raskop: „Berechnungsbuch des Elektromaschinenbauer-Handwerkers" 8. Aufl. 1959.**

Dreiphasen-Zweischichten-Stabwicklungen 2, 4, 6, 8, 10polig mit 2, 4, 6 und 8 Stäben je Nute

1. Allgemeines:

a) Die kurzfristige und fehlerfreie Herstellung bzw. Instandsetzung einer Dreiphasen-Zweischichten-Stabwicklung erfordert leichtverständliche und zuverlässige Unterlagen, die dem Wickler die Möglichkeit bieten, bei geringstem Zeitaufwand die ihm übertragenen Wickelarbeiten einsatzreif fertigzustellen.

Diesen Forderungen entsprechen die in der Mappe — C — enthaltenen, vereinfachten Schaltbilder. Sie verhüten kostspielige zeitraubende Fehlarbeiten, stellen somit ein bewährtes Mittel für die Rationalisierung der Fertigungsvorgänge in den Wickeleibetrieben dar, und gewährleisten die Einhaltung zugesicherter Liefertermine.

b) In den Herstellerbetrieben der Sparte Elektromaschinenbau stehen den Wicklern die erforderlichen Fertigungsunterlagen, insbesondere die Schaltangaben für alle anfallenden Nuten-Pol- und Stabzahlen zur Verfügung. Da die Stabwicklungen laufend und oft in größeren Serien anfallen, so handelt es sich hier um Routinearbeiten, die im Zeitlohn an die Wickler vergeben werden.

Die Wickel- und Schaltunterlagen werden in den Elektromaschinenfabriken seitens der für die Wickelei zuständigen, technischen Abteilungen, von Ingenieuren erarbeitet.

In den Instandsetzungswerkstätten liegen die Verhältnisse insofern komplizierter, als hier im Regelfalle nur Einzelanfertigungen in Betracht kommen. Überdies fallen in den Instandsetzungswerkstätten Maschinen verschiedenster Herkunft, Typen und Größen in- und ausländischer Hersteller an.

Infolge Fehlens geeigneter Wickel- und Schaltunterlagen für die immerhin komplizierten Stabläuferwicklungen, ist der Instandsetzer im Regelfall gezwungen, die erforderlichen Wicklungs- und Schaltmerkmale der beschädigten, zur Neuwicklung anstehenden Maschine in sorgfältiger, zeitraubender Arbeit zu entnehmen und schriftlich bzw. zeichnerisch festzuhalten.

Hierdurch entstehen nicht nur erhebliche Verlustzeiten, sondern es besteht auch die Gefahr, daß bei der Entnahme der Wicklungsmerkmale Übertragungsfehler entstehen, die sich dann später durch zeitraubende und kostspielige Nacharbeiten, besonders auch auf die Lieferzeiten negativ auswirken.

Diese Gefahr ist besonders dann sehr groß, wenn in den Nuten des Blechpaketes nicht nur 2, sondern 4, 6 oder 8 Stäbe eingeordnet sind.

In dem Zeitalter der Mechanisierung, Rationalisierung und Automatisierung übertragen sich die hiermit zusammenhängenden Forderungen auch auf die Instandsetzungsbetriebe. Es ergibt sich hieraus zwangsläufig die Notwendigkeit, die wettbewerblichen Maßnahmen auch in den mittleren und Kleinbetrieben dem allgemeinen entwicklungsmäßigen Fortschritt anzugleichen.

Zu den zeitsparenden und qualitätsverbessernden Maßnahmen ist daher auch die Einrichtung und der ständige Ausbau einer **Wicklungs-Schaltbilderkartei** zu zählen.

2. Einige Einzelheiten über die Dreiphasen-Stabwicklungen

Die bevorzugt als Läuferwicklung bei Drehstromotoren angewandten Stabwicklungen können als Reihen- oder Schleifenwicklungen ausgelegt werden.

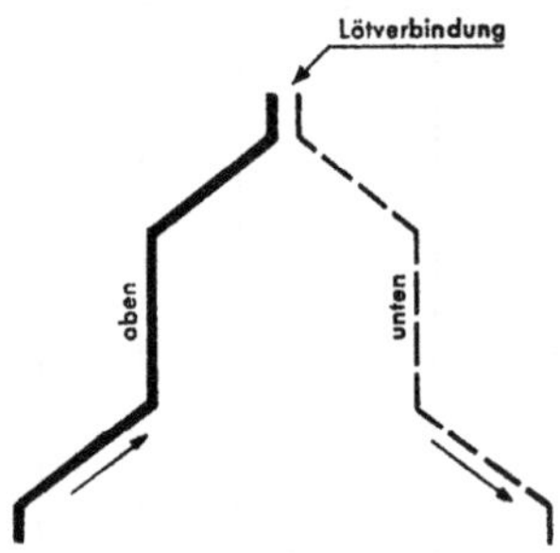

Abb. 1a

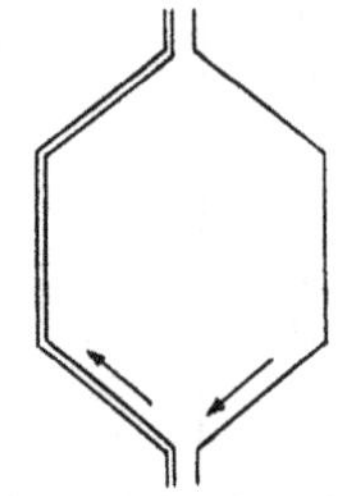

Abb. 1b

In der Regel wird die Reihenwicklung (Abb. 1a) bevorzugt.

In beiden Fällen bestehen diese Stabwicklungen aus 3 gleichwertigen und gleichartigen Wicklungssträngen, die je für sich wieder in 2 gleiche Teilwicklungen zerlegt sind.

In jedem Wicklungsstrang werden ½ der auf den Strang entfallenden Stäbe im tschreitenden, ½ im rückschreitenden Sinne geschaltet. Diese beiden Halbstränge rden durch sogenannte Umkehrstäbe zu einer Strangeinheit verbunden (Abb. 2).

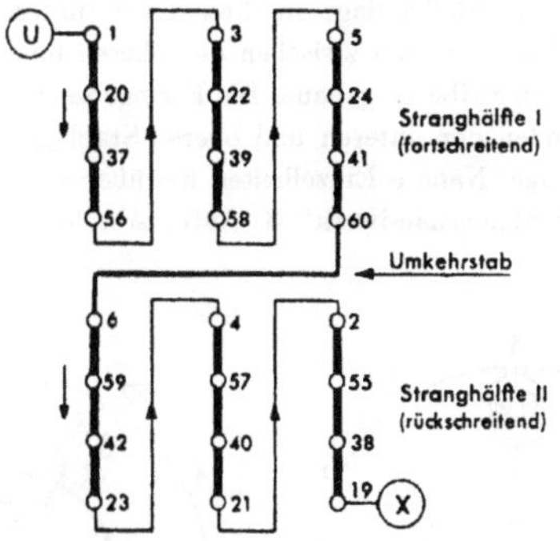

Abb. 2

Der Verlauf der Wicklungen von Stab zu Stab, einschließlich der Umkehrstäbe, in dem Buch: „Berechnungsbuch des Elektromaschinenbauer-Handwerkers" Aufl.*) in Zahlentabellen für verschiedene Pol- und Nuten- und Stabzahlen dar-stellt. Die Berechnungsmethode hierfür ist angefügt.

In den vorliegenden Schaltbildern sind der besseren Lesbarkeit und höheren ıaltsicherheit halber nur diejenigen Merkmale zeichnerisch dargestellt, die für die ktische Herstellung der Dreiphasen-Stabwicklung am Arbeitsplatz des Wicklers ıötigt werden.

Der Wickler arbeitet daher frei von belastenden und zeitraubenden gedanklichen erlegungen, die mangels geeigneter Schaltbilder zwangsläufig anfallen und die nen Wickelzeiten zu Lasten der Gestehungskosten und Lieferzeiten erhöhen.

Hat der Wickler den Wunsch, über die praktische Wickelarbeit hinaus tiefer in s Wesen der Wicklungen und Wicklungsgesetze einzudringen — die Erfüllung ses Wunsches sollte gefördert werden — dann steht hierfür einschlägige Fach-ratur zur Verfügung. Teilnahme an fachlichen Vorträgen und Elektromaschinen-ıer-Schulungskursen bieten weitere Gelegenheiten für die Ergänzung des fachlichen ssens. Diese begrüßenswerte Fortbildung wird zweckmäßig vom Arbeitsplatz des Wicklers in die Berufsschule oder Freizeit verlegt, einerseits deswegen, weil — abgeschirmt von ablenkenden Einflüssen — die erforderliche Konzentration erreicht und das Studium erheblich erleichtert wird. Andererseits wird hierdurch am Arbeitsplatz die gedankliche Belastung auf ein Minimum beschränkt und die körperlichen sowie die geistigen Kräfte des Wicklers zugunsten der wirtschaftlichen Fertigung in vollem Umfange zum Einsatz gebracht.

Technischer Verlag H. Cram, Berlin W 30, Genthiner Str. 13, 1959, S. 215 bis 258 (Tabellen).

Bezifferung der Stäbe:

Die jeweils vorliegende Stabzahl wird fortlaufend beziffert, wie in Abb. 3 dargestellt.

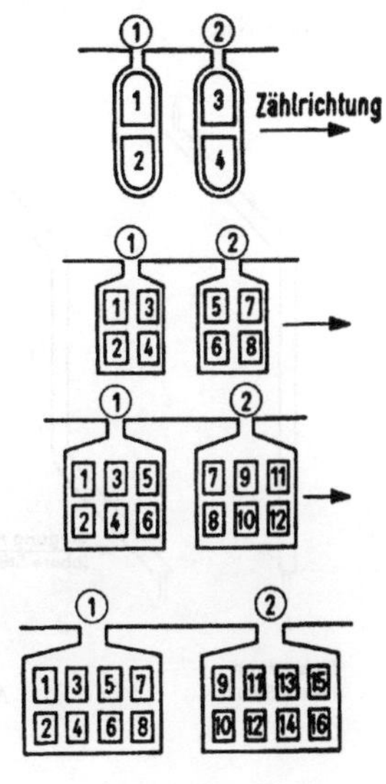

Abb. 3

Die Bezifferung erfolgt in Blickrichtung auf die Schleifringseite von links nach rechts ⟶. Die ungeraden Stabzahlen liegen — oben —, die geraden Zahlen — unten — in den Nuten, wie aus Abb. 3 ersichtlich. Es entsteht hierbei eine rechtsläufige Wicklung.

Diese Bezifferungsmethode ist beim praktischen Einsatz der Schaltbilder streng zu beachten, weil die in den Schaltbildern eingetragenen Zahlen auf diese Weise errechnet worden sind.

Natürlich können die Stabwicklungen auch linksläufig hergestellt werden. In diesen Fällen verläuft die Bezifferung der Stäbe von rechts nach links. ⟵

In der Regel werden die 3 Wicklungsstränge in Serie/Stern geschaltet.

3. Einiges über die Herstellung der Stabwicklungen

Von den formgerecht vorgearbeiteten Stäben werden zunächst die 3 Umkehrstäbe (Abb. 5) in das Blechpaket eingebaut. Die Umkehrstäbe sind geradzahlig beziffert und liegen daher — **unten** — in den Nuten.

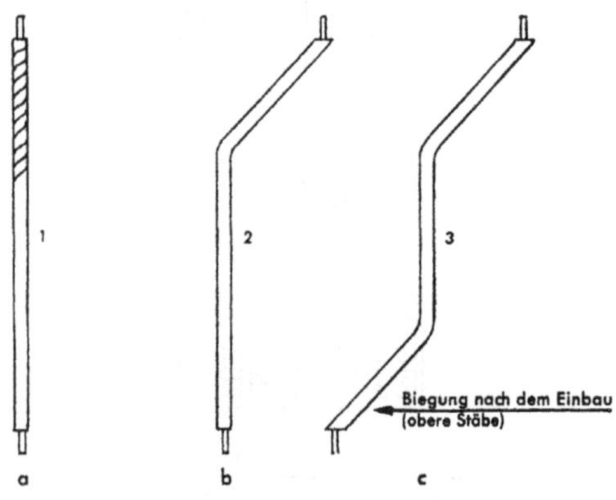

Abb. 4

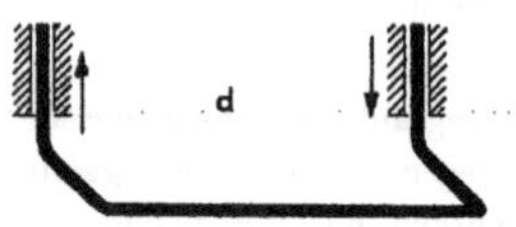

Abb. 5

In der Abb. 4 ist der Ablauf der Formgebung, bezogen auf die **oben** in den Nu liegenden Stäbe dargestellt. Bei den **unten** in den Nuten liegenden Stäben ist die ob und untere Abwinkelung entgegengesetzt der Abb. 4 c.

Nach dem Einbau der Umkehrstäbe werden die unteren Stäbe eingebaut, aus richtet und mit einer Kordelbandage in ihrer Lage (untere Stablage) gesiche Alsdann werden Streifenisolationen zwischen der oberen und unteren Stablage e geordnet und die oberen Stäbe eingebaut. Die Formgebung der auf der Schleifri seite liegenden Stabenden der unteren und oberen Stablage erfolgt dann mit H spezieller Hilfswerkzeuge. Nähere Einzelheiten hierüber sind in dem Buch Rask „Das Elektromaschinenbauerhandwerk" 3. Aufl., Abschnitt „Stabwicklungen" 139—143 enthalten.

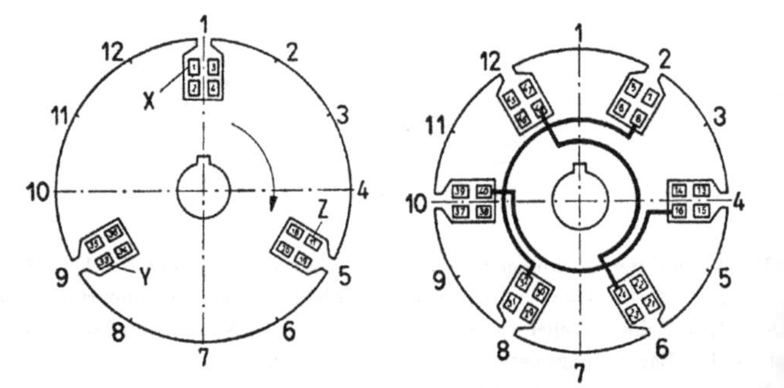

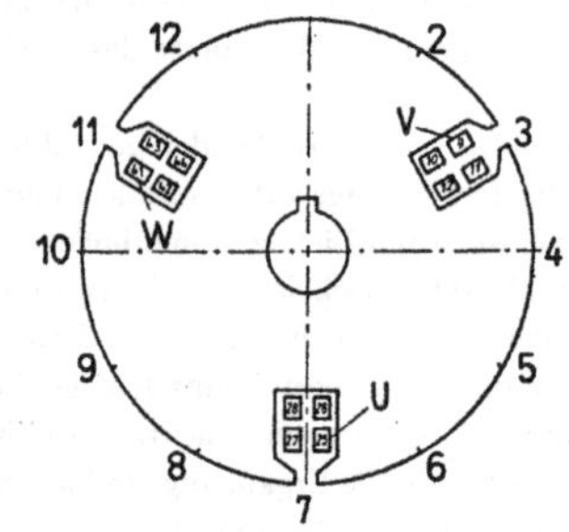

Tabelle

Nute	1 · 4 = 4	Nute	7 · 4 = 28
,,	2 · 4 = 8	,,	8 · 4 = 32
,,	3 · 4 = 12	,,	9 · 4 = 36
,,	4 · 4 = 16	,,	10 · 4 = 40
,,	5 · 4 = 20	,,	11 · 4 = 44
,,	6 · 4 = 24	,,	12 · 4 = 48

Abb. 6

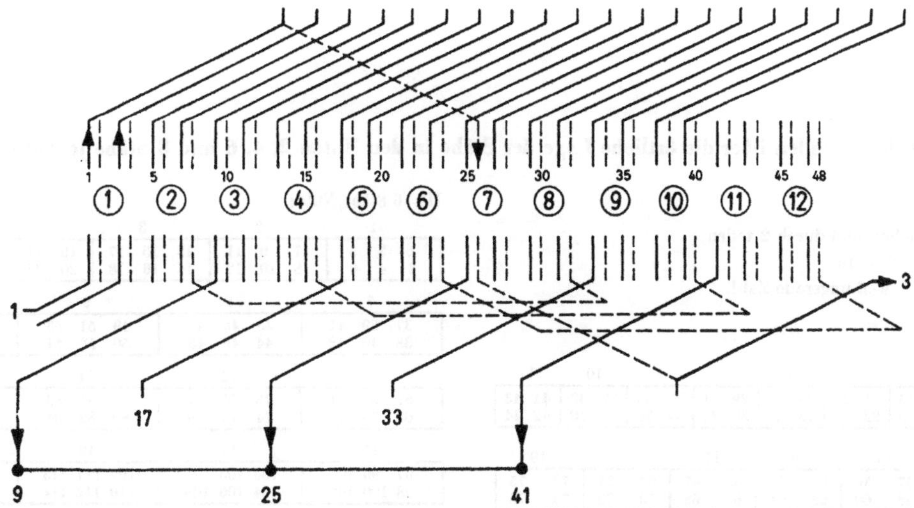

Abb. 7

Die Anwendung der Schaltbilder

Links oben der graphischen Darstellungen ist die lfd. Nr. des Schaltbildes — ogen auf Mappe C — angeschrieben. Im linken oberen Rechteck sind in der linken stellung die Stabzahlen der 3 Phasenanfänge U, V, W, in der rechten Darstellung Stabzahlen der Phasenenden X, Y, Z angegeben.

Die Darstellungen in dem Rechteck „rechts oben" geben die Lage und die Stab- len der Umkehrstäbe an.

Aus dem Rechteck links unten ist der Stabverlauf, der Nuten- und Stabschritt altschritt), sowie die Zählrichtung ersichtlich.

Rechts oben ist auf jedem Schaltbild die Polzahl, Nuten-, Stabzahl und die Zahl Stäbe/Nute angegeben. Die Wickel- und Schaltangaben sind im rechten unteren hteck zusammengefaßt.

Das Schema für den Wicklungsverlauf einer der 3 Wicklungsstränge ist in Abb. 2 gezeichnet.

Die Stabschritte ergeben sich aus der Stab- und Polzahl in Abb. 2 (4polig, 36 ten, 72 Stäbe) aus

$$\frac{72 \text{ Stäbe}}{4 \text{ Pole}} = 18 \genfrac{}{}{0pt}{}{\nearrow 19}{\searrow 17}$$

+ 19 ergibt den Stabschritt auf der Antriebsseite, + 17 den Stabschritt auf der Schleifringseite, + 18 ergibt den Stabschritt für die Umkehrstäbe.

In Abb. 2 ist der Stab 60 und 6 (Umkehrstab) miteinander verbunden.

$$60 + 18 = 78 - 72 = 6.$$

In jeder der 6 senkrechten Zahlenreihen liegen 4 Stäbe (4polig).

Die untereinander angeschriebenen Zahlen entsprechen also stets der vorliegenden Polzahl.

Bei 72 vorhandenen Stäben entfallen auf jede Phase 72 : 3 = 24 Stäbe. 12 Stäbe hiervon sind im fortschreitenden Sinne, 12 im rückschreitenden Sinne geschaltet.

In dem oberen Zahlenpaket nehmen die Zahlen in waagerechter Richtung um die Zahl — 2 — zu, im unteren Zahlenpaket um die Zahl — 2 — ab.

Nach dem ersten Umlauf wird Stab 56 mit Stab 3 verbunden.

Sämtliche Angaben in den Wicklungsschaltbildern der Mappe C beziehen sich auf Reihenwicklungen, die im Regelfalle vorgefunden bzw. gewählt werden.

Zahlentabellen über die örtliche Lage der Stäbe in den Nuten 2, 4, 6 und 8 Stäbe je Nute

I. 2 Stäbe/Nute:

Ungerade Stabzahlen um 1 erhöhen und durch 2 teilen;
z. B. „Stab 37“ = 37 + 1 = 38 : 2 = 19.
Stab 37 liegt in Nute 19 „oben“, weil ungerade Zahl.

II. 4 Stäbe/Nute:

1	2	3	4	5	6	7	8	9	10	11
1 3	5 7	9 11	13 15	17 19	21 23	25 27	29 31	33 35	37 39	41 43
2 4	6 8	10 12	14 16	18 20	22 24	26 28	30 32	34 36	38 40	42 44

12	13	14	15	16	17	18	19
45 47	49 51	53 55	57 59	61 63	65 67	69 71	73 75
46 48	50 52	54 56	58 60	62 64	66 68	70 72	74 76

20	21	22	23	24	25	26	27
77 79	81 83	85 87	89 91	93 95	97 99	101 103	105 107
78 80	82 84	86 88	90 92	94 96	98 100	102 104	106 108

28	29	30	31	32	33	34	35
109 111	113 115	117 119	121 123	125 127	129 131	133 135	137 139
110 112	114 116	118 120	122 124	126 128	130 132	134 136	138 140

36	37	38	39	40	41	42	43
141 143	145 147	149 151	153 155	157 159	161 163	165 167	169 171
142 144	146 148	150 152	154 156	158 160	162 164	166 168	170 172

44	45	46	47	48	49	50	51
173 175	177 179	181 183	185 187	189 191	193 195	197 199	201 203
174 176	178 180	182 184	186 188	190 192	194 196	198 200	202 204

52	53	54	55	56	57	58	59
205 207	209 211	213 215	217 219	221 223	225 227	229 231	233 235
206 208	210 212	214 216	218 220	222 224	226 228	230 232	234 236

60
237 239
238 240

III. 6 Stäbe/Nute:

1	2	3	4	5	6
1 3 5	7 9 11	13 15 17	19 21 23	25 27 29	31 33 3
2 4 6	8 10 12	14 16 18	20 22 24	26 28 30	32 34 3

7	8	9	10	11
37 39 41	43 45 47	49 51 53	55 57 59	61 63 65
38 40 42	44 46 48	50 52 54	56 58 60	62 64 66

12	13	14	15	16
67 69 71	73 75 77	79 81 83	85 87 89	91 93 95
68 70 72	74 76 78	80 82 84	86 88 90	92 94 96

17	18	19	20	21
97 99 101	103 105 107	109 111 113	115 117 119	121 123 125
98 100 102	104 106 108	110 112 114	116 118 120	122 124 126

22	23	24
127 129 131	133 135 137	139 141 143
128 130 132	134 136 138	140 142 144

IV. 8 Stäbe/Nute:

1	2	3	4
1 3 5 7	9 11 13 15	17 19 21 23	25 27 29 31
2 4 6 8	10 12 14 16	18 20 22 24	26 28 30 32

5	6	7	8
33 35 37 39	41 43 45 47	49 51 53 55	57 59 61 63
34 36 38 40	42 44 46 48	50 52 54 56	58 60 62 64

9	10	11	12
65 67 69 71	73 75 77 79	81 83 85 87	89 91 93 95
66 68 70 72	74 76 78 80	82 84 86 88	90 92 94 96

13	14	15	16
97 99 101 103	105 107 109 111	113 115 117 119	121 123 125 127
98 100 102 104	106 108 110 112	114 116 118 120	122 124 126 128

17	18
129 131 133 135	137 139 141 143
130 132 134 136	138 140 142 144

Raskop: No: 42
Wicklungs-Schaltbilder

2 polig 12 Nuten
4 Stäbe / Nute
48 Stäbe / total

Lage der Anfänge und Enden
U, V, W X, Y, Z

Lage der Umkehrstäbe

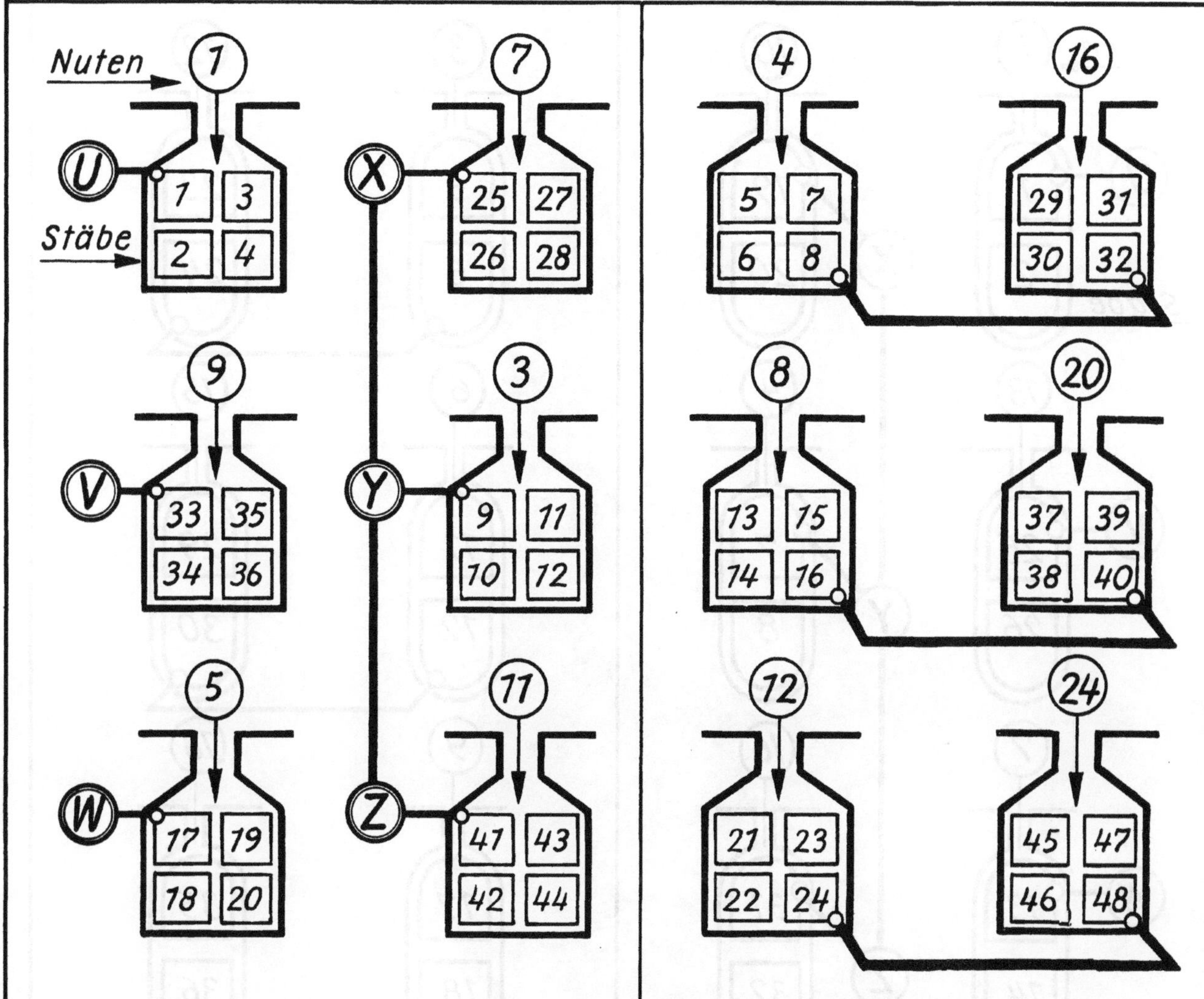

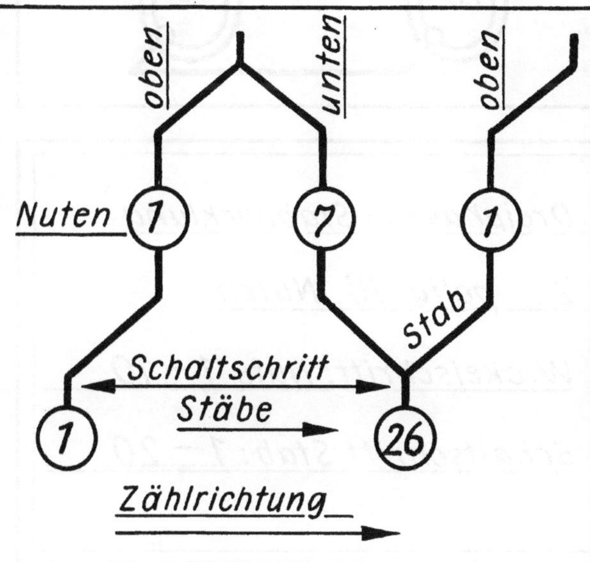

Dreiphasen-Zweischichten-Stabwicklung (Ständer- u. Läufer)

2 polig, 12 Nuten 48 Stäbe
Wickelschritt: Nute 1 bis Nute 7
Schaltschritt: Stab 1 mit Stab 26
Stabschritte: 24 - 25
Umkehr-Stabschritt: + 24
Stäbe je Nute: 4

Nuten- und Stabzahlen beachten!

Technischer Verlag Herbert Cram, Berlin W. 35

Raskop
Wicklungs-Schaltbilder
No. 43

2 polig 18 Nuten
36 Stäbe

Lage der Anfänge und Enden

U, V, W. X, Y, Z

Lage der Umkehrstäbe

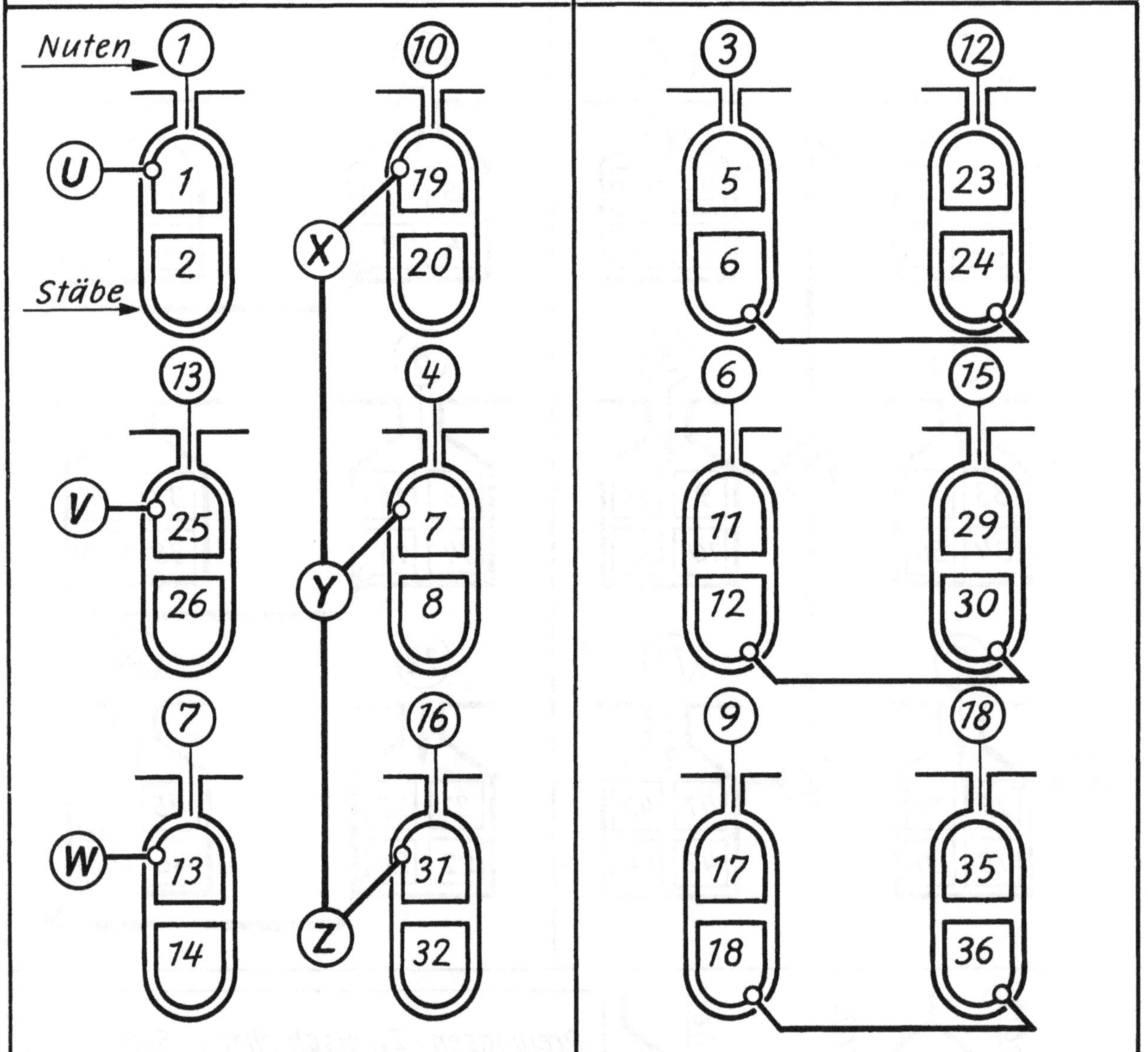

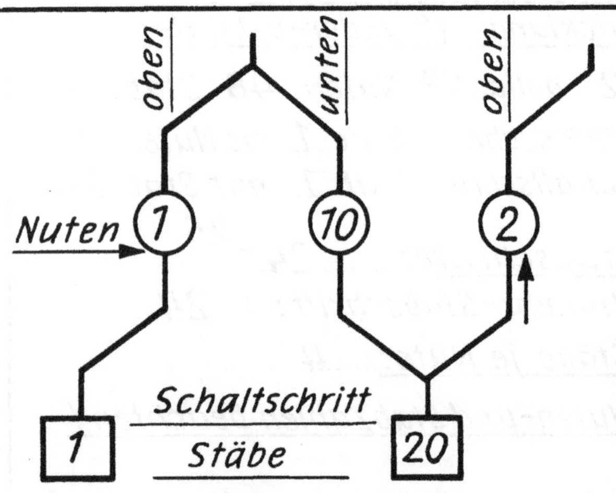

Dreiphasen-Stabwicklung

2 polig 18 Nuten

Wickelschritt: Nute 1 – 10

Schaltschritt Stab: 1 – 20

Technischer Verlag Herbert Cram, Berlin W. 35

Raskop: No: 44

Wicklungs-Schaltbilder

2 polig 18 Nuten
4 Stäbe / Nute
72 Stäbe / total

Lage der Anfänge und Enden
U, V, W X, Y, Z

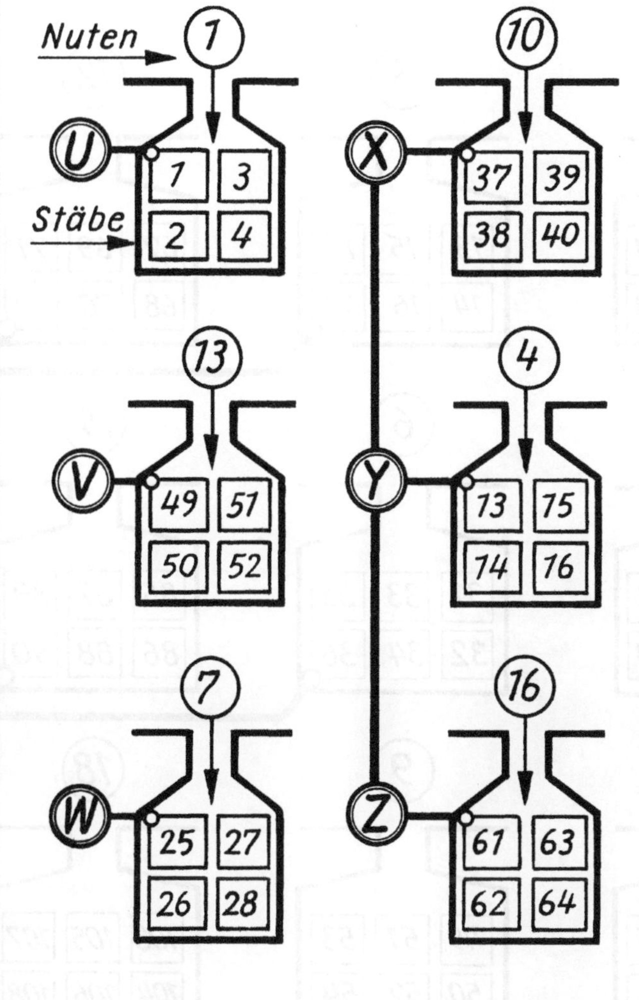

Lage der Umkehrstäbe

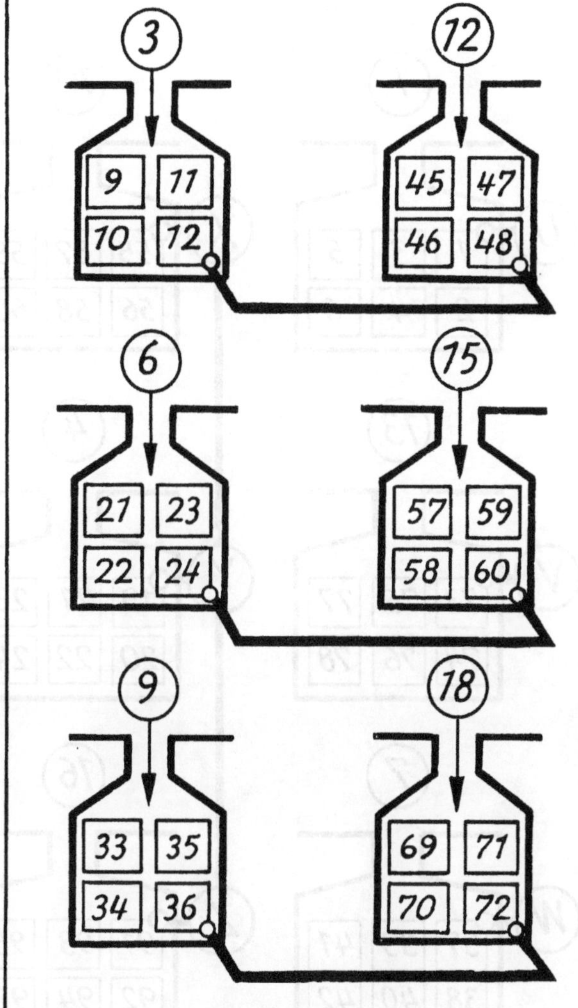

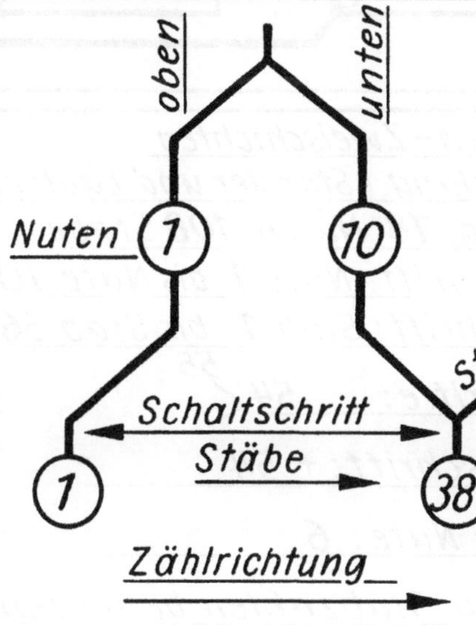

Dreiphasen-Zweischichten-Stabwicklung (Ständer-u. Läufer)

2 polig, 18 Nuten 72 Stäbe

Wickelschritt: Nute 1 bis Nute 10

Schaltschritt: Stab 1 mit Stab 38

Stabschritte: 36–37

Umkehr-Stabschritt: + 36

Stäbe je Nute: 4

Nuten-und Stabzahlen beachten!

Technischer Verlag Herbert Cram, Berlin W. 35

Raskop No. 45
Wicklungs-Schaltbilder

2 polig, 18 Nuten
6 Stäbe/Nute:
108 Stäbe/total:

Lage der Anfänge und Enden	Lage der Umkehrstäbe
U, V, W X, Y, Z	

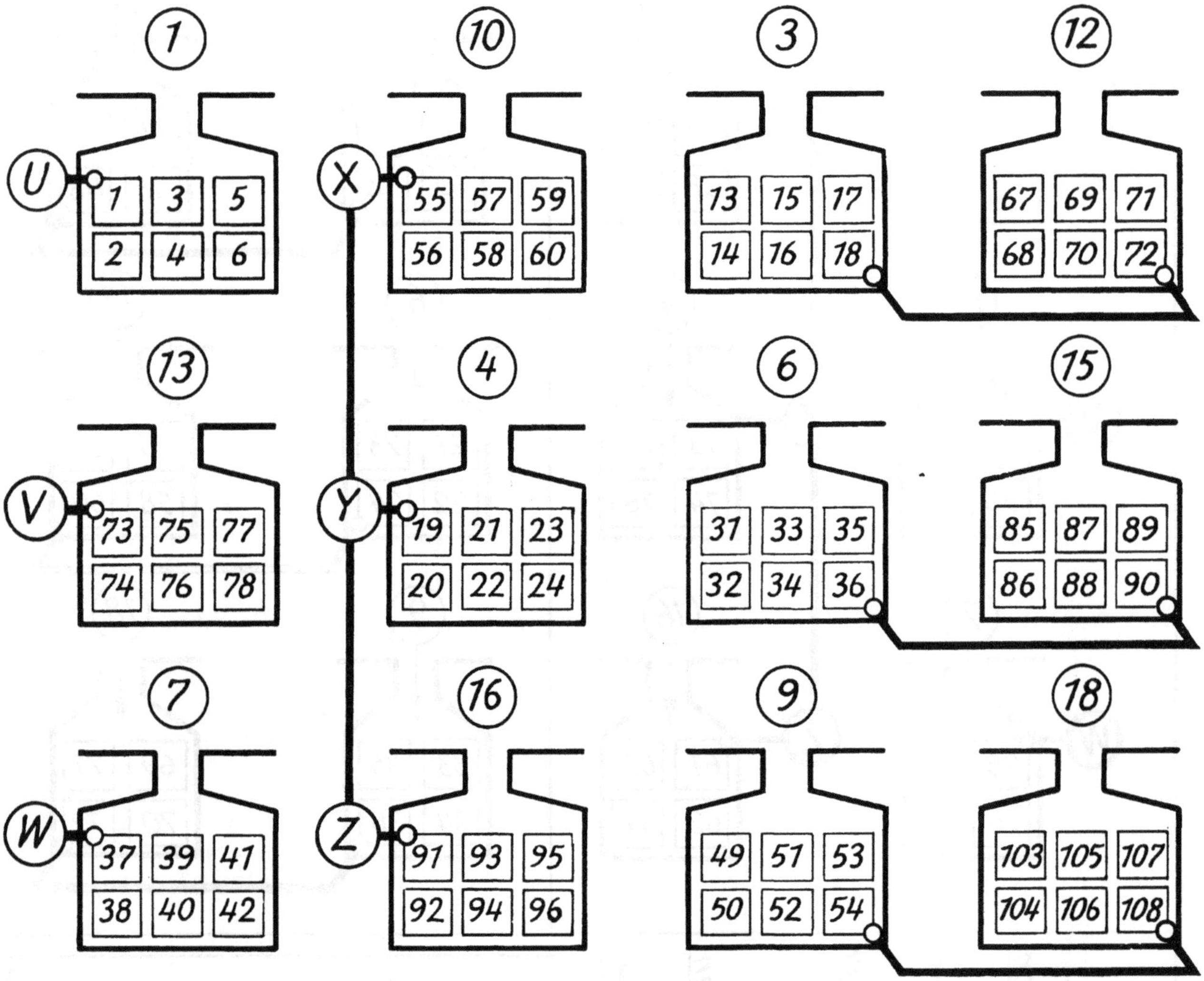

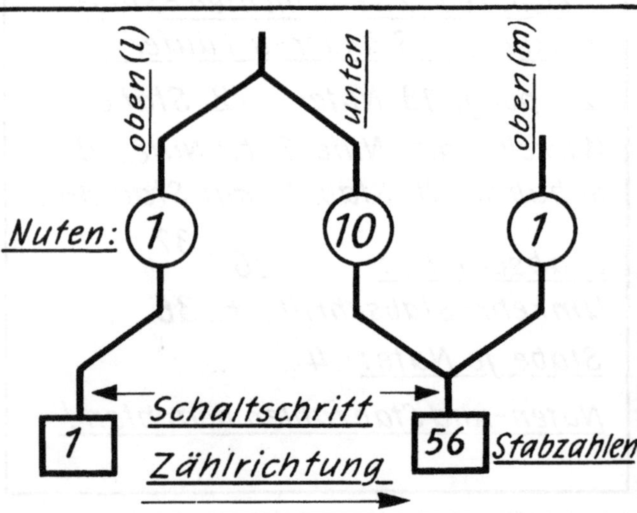

Dreiphasen-Zweischichten-Stabwicklung (Ständer und Läufer)
2 polig, 18 Nuten, 108 Stäbe
Wickelschritt: Nute 1 bis Nute 10
Schaltschritt: Stab 1 bis Stab 56
Stabschritte: 54 < 55
Umkehrschritt: + 54
Stäbe je Nute: 6
Nuten- u. Stabzahlen beachten!

Technischer Verlag Herbert Cram, Berlin W. 35

Raskop
Wicklungs-Schaltbilder
No. 46

2 polig,
18 Nuten, 144 Stäbe
8 Stäbe/Nute

Lage der Anfänge u. Enden U, V, W — X, Y, Z

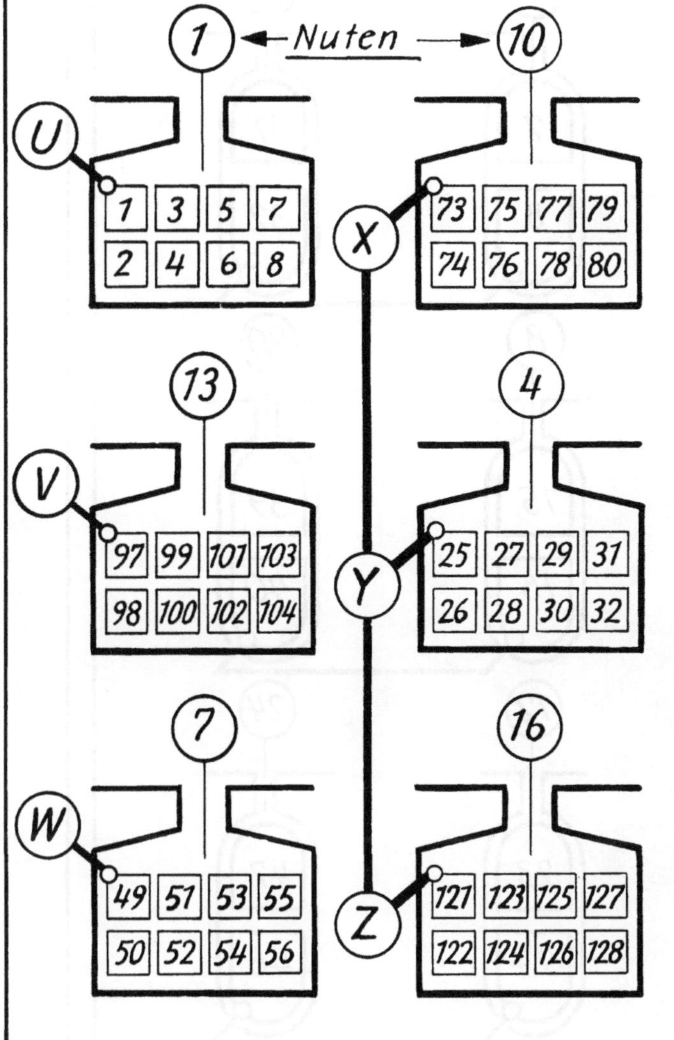

Lage der Umkehrstäbe

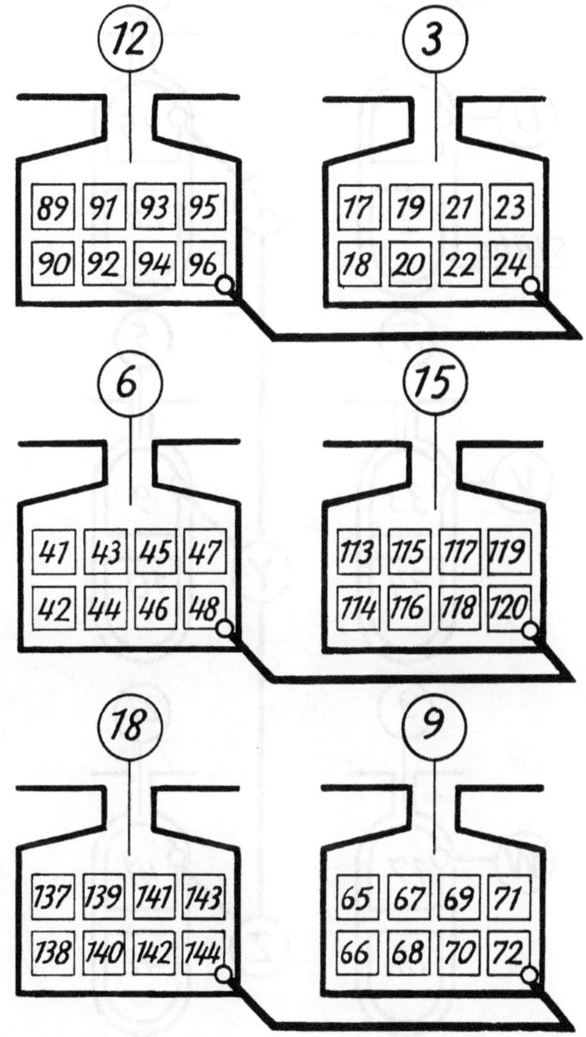

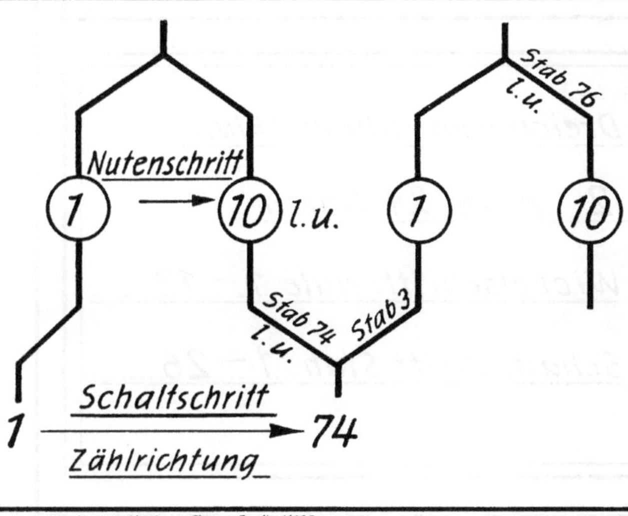

Dreiphasen-Zweischichten-Stabwicklung

2 polig, 18 Nuten, 144 Stäbe

Wickelschritt: Nute 1 – 10

Schaltschritt: Stab 1 – 74

U: Nute 1 (l.o.)	X: Nute 10 (l.o.)
V: " 13 (" ")	Y: " 4 (" ")
W: " 7 (" ")	Z: " 16 (" ")

Technischer Verlag Herbert Cram, Berlin W.35

Raskop
Wicklungs-Schaltbilder
No. 47

2 polig 24 Nuten
48 Stäbe

Lage der Anfänge und Enden

U, V, W. X, Y, Z

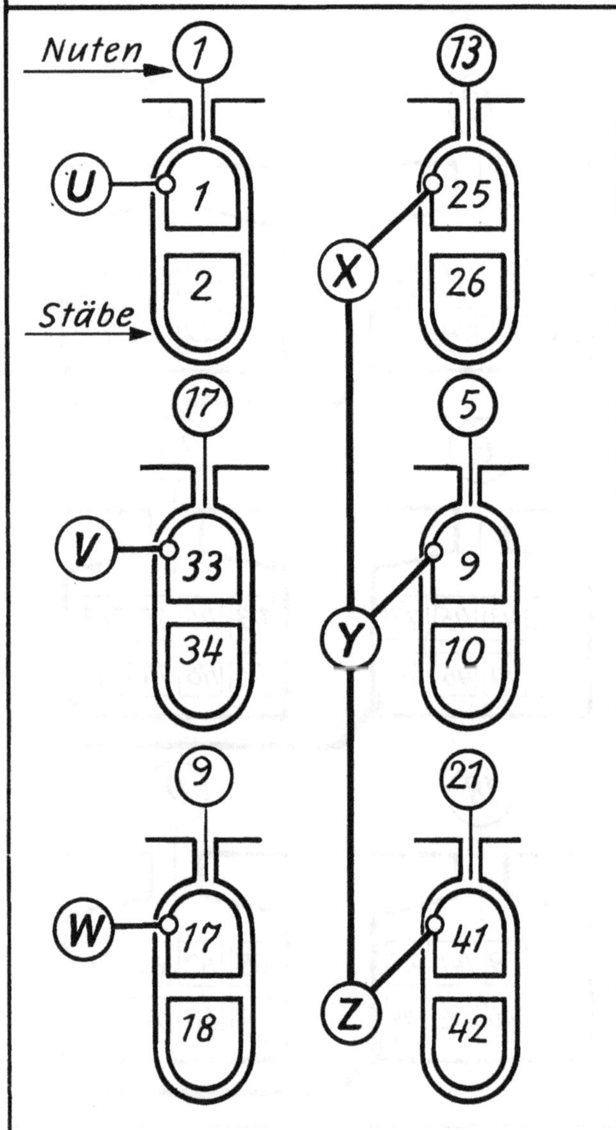

Lage der Umkehrstäbe

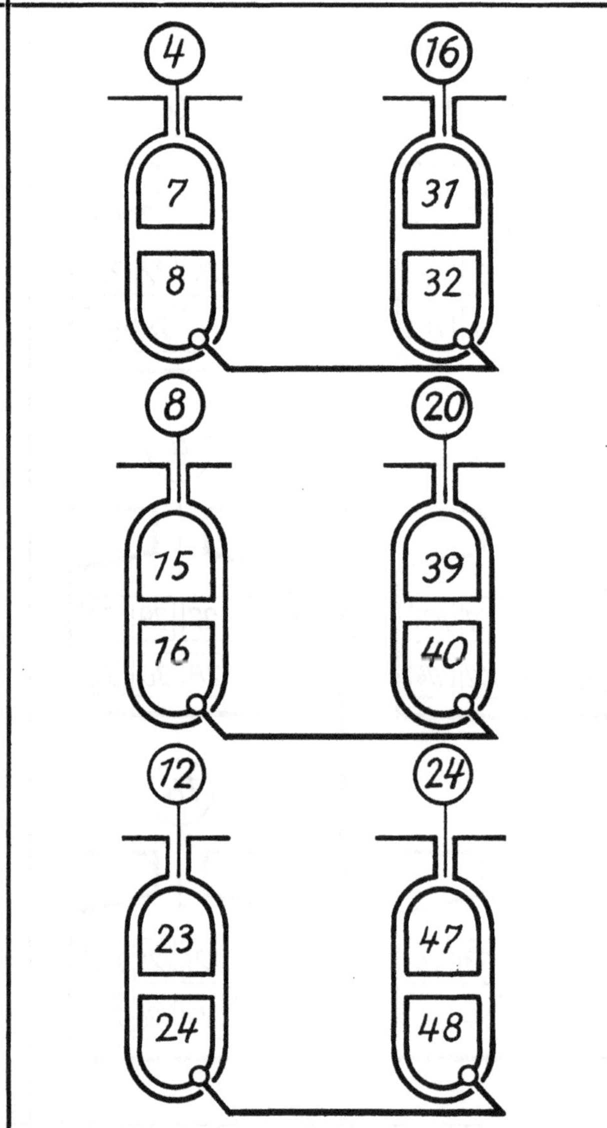

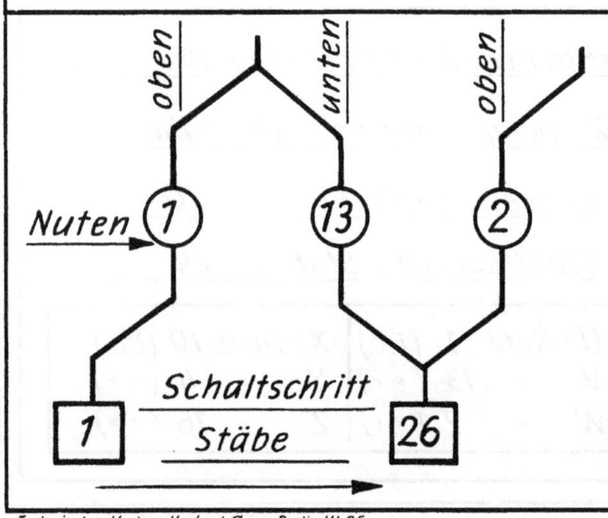

Dreiphasen-Stabwicklung

2 polig 24 Nuten

Wickelschritt: Nute 1 – 13

Schaltschritt Stab: 1 – 26

Technischer Verlag Herbert Cram, Berlin W. 35

Raskop: No: 48
Wicklungs-Schaltbilder

2 polig 24 Nuten
4 Stäbe / Nute
96 Stäbe/ total

Lage der Anfänge und Enden
U, V, W X, Y, Z

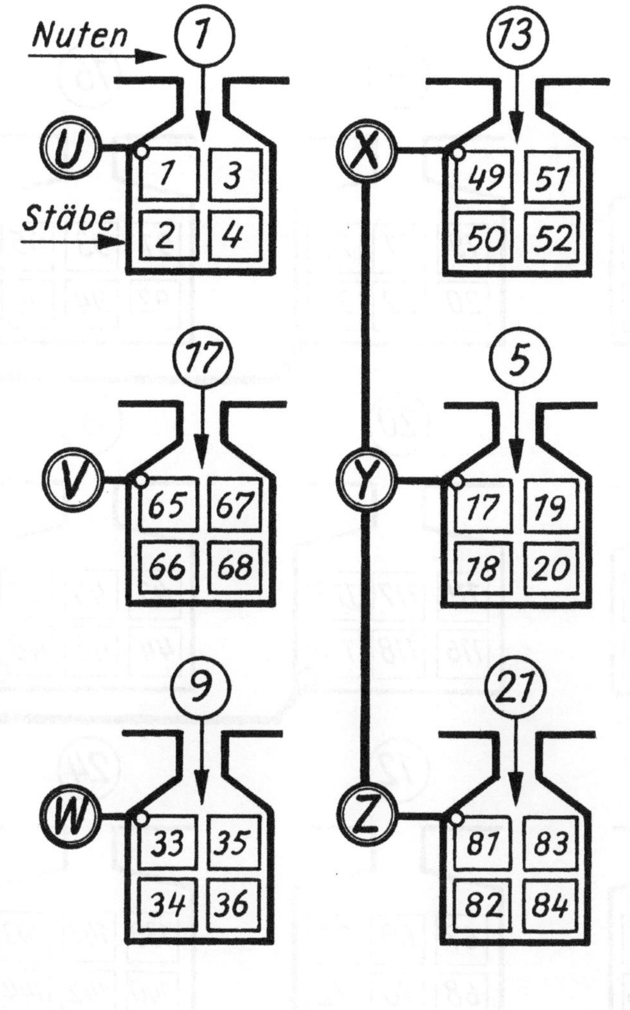

Lage der Umkehrstäbe

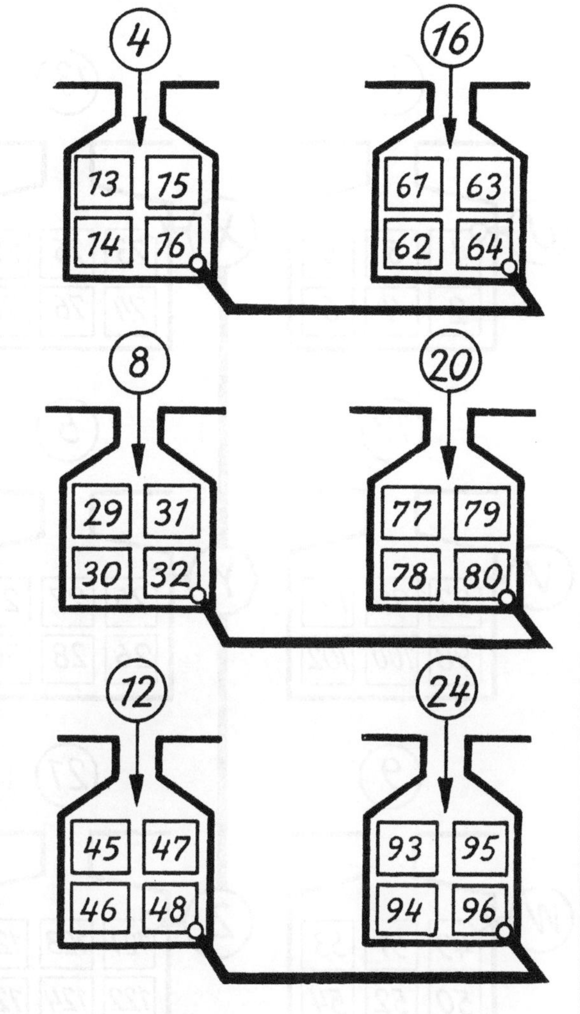

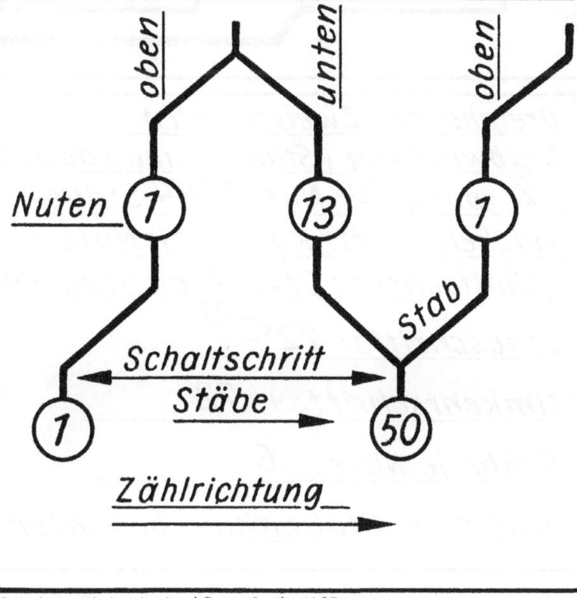

Dreiphasen-Zweischichten-Stabwicklung (Ständer-u. Läufer)

2 polig, 24 Nuten 96 Stäbe
Wickelschritt: Nute 1 bis Nute 13
Schaltschritt: Stab 1 mit Stab 50
Stabschritte: 48 — 49
Umkehr-Stabschritt: + 48
Stäbe je Nute: 4
Nuten-und Stabzahlen beachten!

Technischer Verlag Herbert Cram, Berlin W. 35

No. 49

Raskop

Wicklungs-Schaltbilder

2 polig, 24 Nuten

Stäbe/Nute: 6

Stäbe/total: 144

Lage der Anfänge und Enden

U, V, W X, Y, Z

Lage der Umkehrstäbe

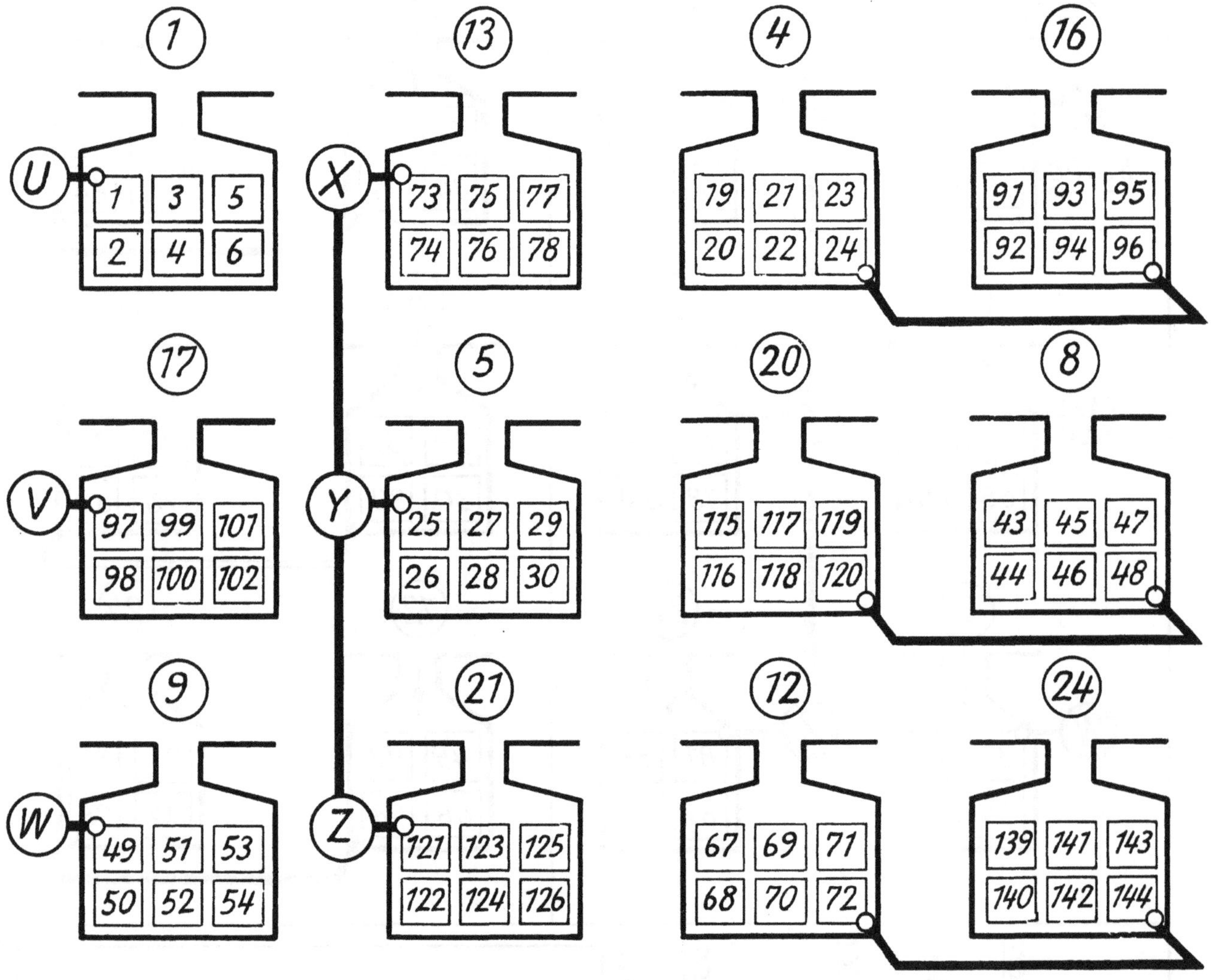

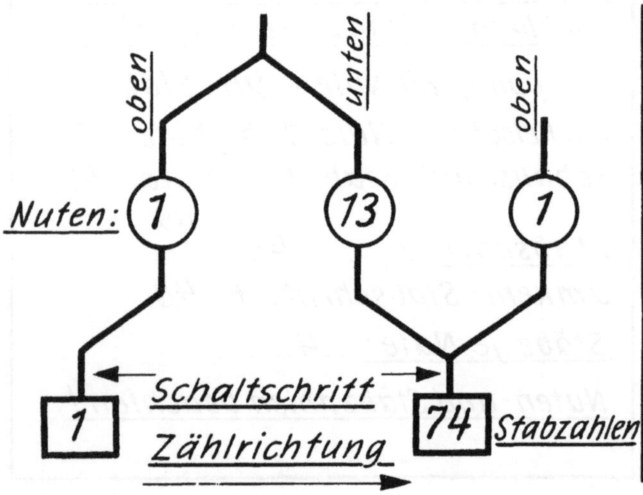

Dreiphasen-Zweischichten-Stabwicklung (Ständer und Läufer)

2 polig, 24 Nuten, 144 Stäbe

Wickelschritt: Nute 1 bis Nute 13

Schaltschritt: Stab 1 bis Stab 74

Stabschritte: 72 / 73

Umkehrschritt: + 72

Stäbe je Nute: 6

Nuten- u. Stabzahlen beachten!

Technischer Verlag Herbert Cram, Berlin W. 35

Raskop: No: 49a

Wicklungs-Schaltbilder

4 polig 18 Nuten
4 Stäbe / Nute
72 Stäbe / total

Lage der Anfänge und Enden

U, V, W   X, Y, Z

Lage der Umkehrstäbe

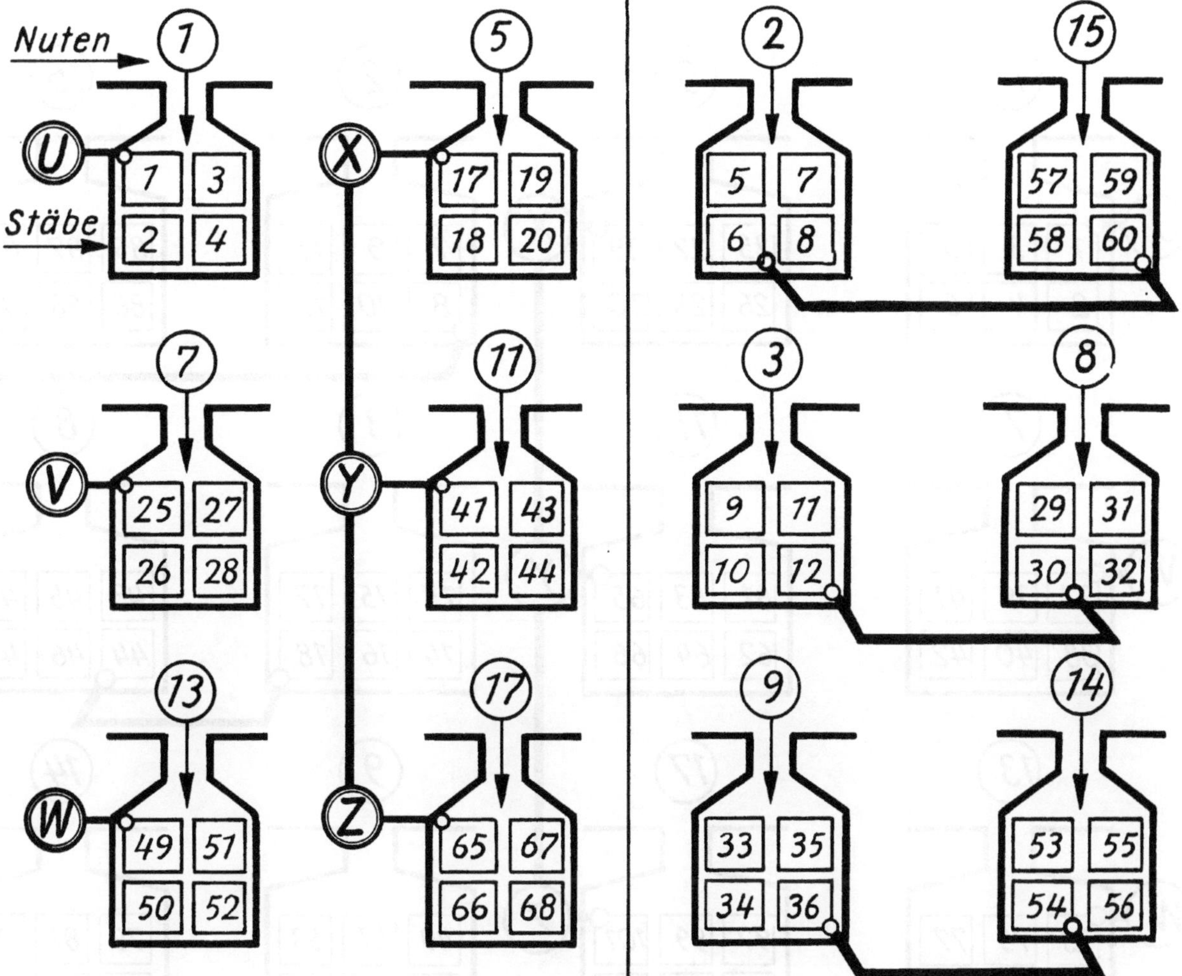

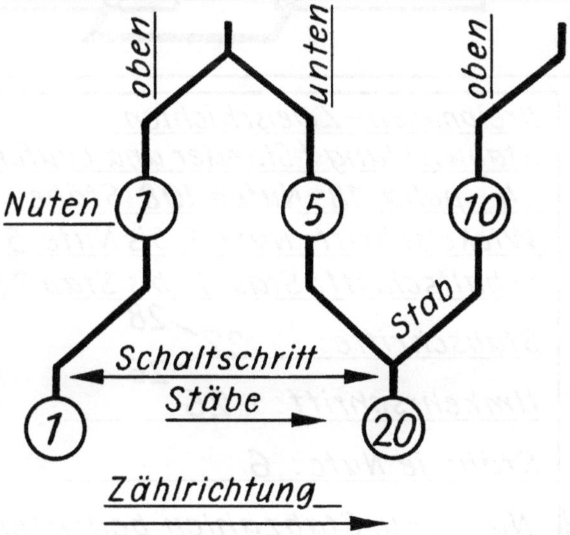

Dreiphasen-Zweischichten-Stabwicklung (Ständer- u. Läufer)

4 polig, 18 Nuten 72 Stäbe

Wickelschritt: Nute 1 bis Nute 5

Schaltschritt: Stab 1 mit Stab 20

Stabschritte: 18 < 19 / 17

Umkehr-Stabschritt: + 18

Stäbe je Nute: 4

Nuten- und Stabzahlen beachten!

(Bruchlochwicklung)

Technischer Verlag Herbert Cram, Berlin W. 35

No. 49b
Raskop
Wicklungs-Schaltbilder

4 polig, 18 Nuten
Stäbe/Nute: 6
Stäbe/total: 108

Lage der Anfänge und Enden
U, V, W X, Y, Z

Lage der Umkehrstäbe

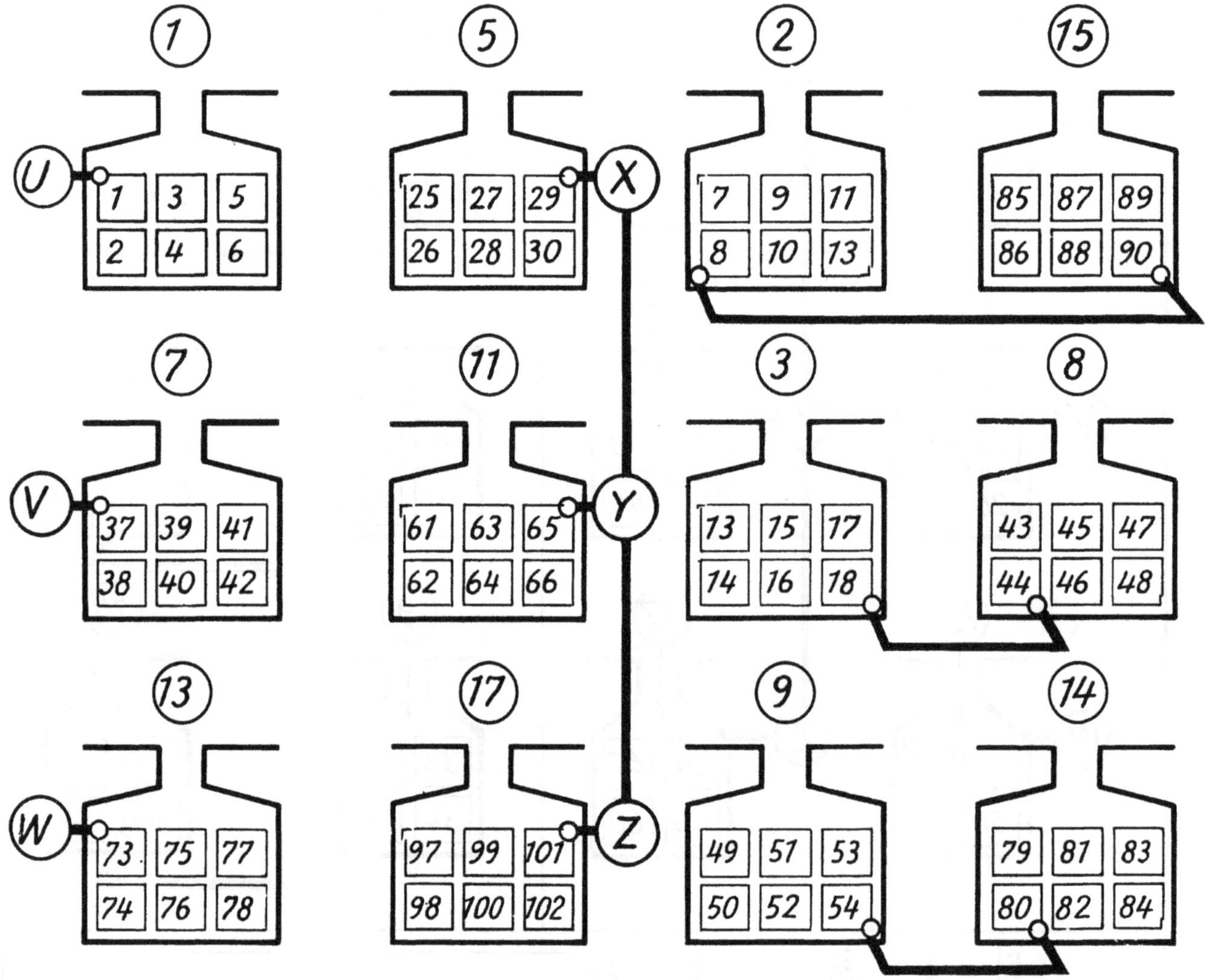

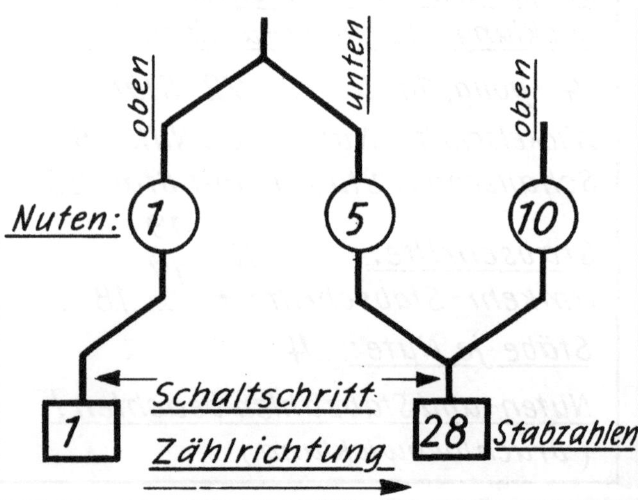

Dreiphasen-Zweischichten-Stabwicklung (Ständer und Läufer)
4 polig, 18 Nuten, 108 Stäbe
Wickelschritt: Nute 1 bis Nute 5
Schaltschritt: Stab 1 bis Stab 28
Stabschritte: 27 $\genfrac{}{}{0pt}{}{28}{26}$
Umkehrschritt: + 26
Stäbe je Nute: 6
Nuten- u. Stabzahlen beachten!

Technischer Verlag Herbert Cram, Berlin W. 35

Raskop Wicklungs-Schaltbilder

4 polig, 18 Nuten 108 Stäbe, je Nute 6 Stäbe

Wickeltabelle zu No. 49 b
für Drehstromläufer-Reihen-Stabwicklung 18 Nuten
108 Stäbe, 1500 n, 50 Hz, je Nute 6 Stäbe

Stab-Wickelschritt: 108 : 4 = 27 (28 / 26)

Nutenschritt: 1–5 (u. m.)

Bruchlochwicklung

Umkehrschritt: 4 26

Phase U – X:

Stab →				
1	3	5	7	9
28	30	32	34	36
55	57	59	61	63
82	84	86	88	90
8	6	4	2	
89	87	85	83	
62	60	58	56	
35	33	31	29 → X	

Phase V – Y:

Stab:				
37	39	41	43	45
64	66	68	70	72
91	93	95	97	99
10	12	14	16	18
44	42	40	38	
17	15	13	11	
98	96	94	92	
71	69	67	65 → Y	

Phase W – Z

Stab:				
73	75	77	79	81
100	102	104	106	108
19	21	23	25	27
46	48	50	52	54
80	78	76	74	
53	51	49	47	
26	24	22	20	
107	105	103	101 → Z	

Anfang U: Stab 1 in Nute 1 (l. o.)
" V: " 37 " " 7 (")
" W: " 73 " " 13 (")

Ende X: Stab 29 in Nute 5 (r. o.)
" Y: " 65 " " 11 (")
" Z: " 101 " " 17 (")

Umkehrstab: Stab 8 in Nute 2 (l. u.) mit Stab 90 in Nute 15 (r. u.)
" " 18 " " 3 (r. u.) " " 44 " " 8 (l. u.)
" " 54 " " 9 (r. u.) " " 80 " " 14 (")

Technischer Verlag Herbert Cram, Berlin W. 35

Raskop
Wicklungs-Schaltbilder
No. 50

4 polig,
18 Nuten, 144 Stäbe
8 Stäbe/Nute

Lage der Anfänge u. Enden
U, V, W X, Y, Z

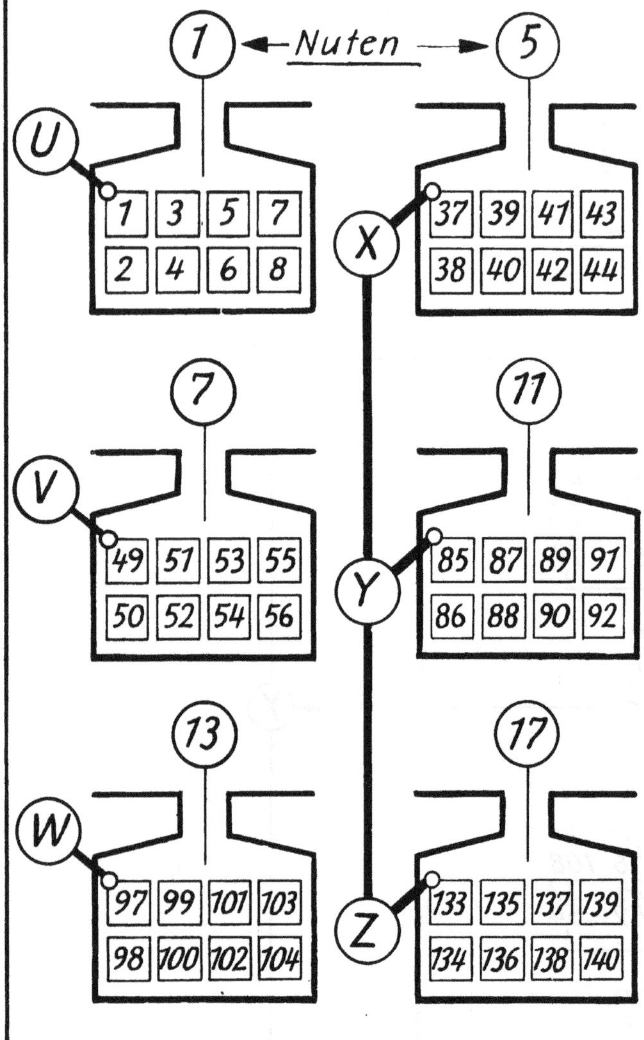

Lage der Umkehrstäbe

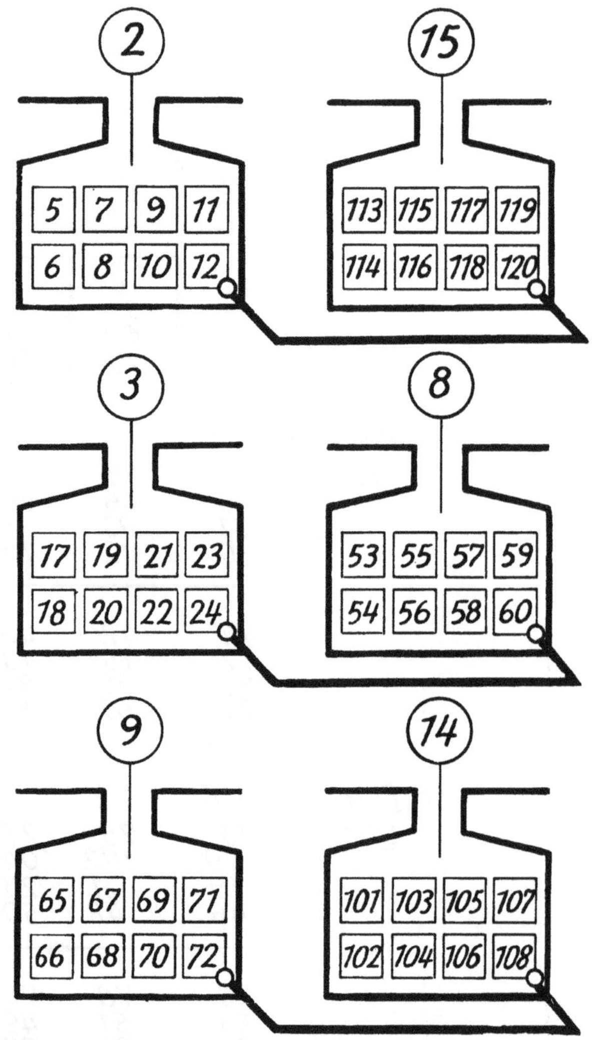

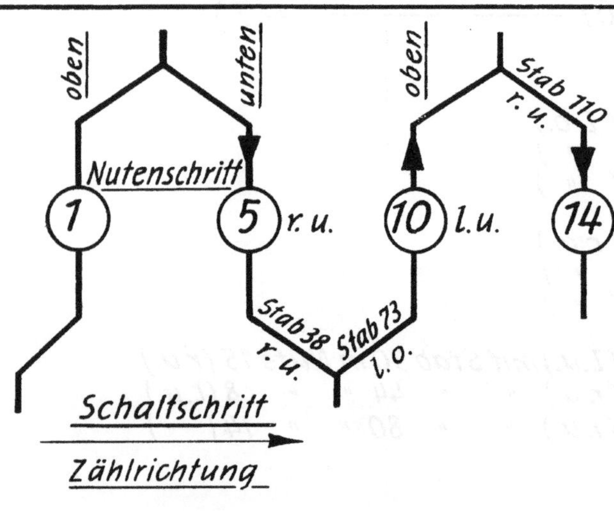

Dreiphasen-Zweischichten-Stabwicklung

4 polig, 18 Nuten, 144 Stäbe

Wickelschritt: Nute 1 – 5

Schaltschritt: Stab 1 – 38

U: Nute 1, l. o.	X: Nute 5, l. o.
V: " 7, " "	Y: " 11, " "
W: " 13, " "	Z: " 17, " "

Technischer Verlag Herbert Cram, Berlin W. 35

Raskop
Wicklungs-Schaltbilder
No. 51

4 polig 24 Nuten
48 Stäbe

Lage der Anfänge und Enden

U, V, W. X, Y, Z

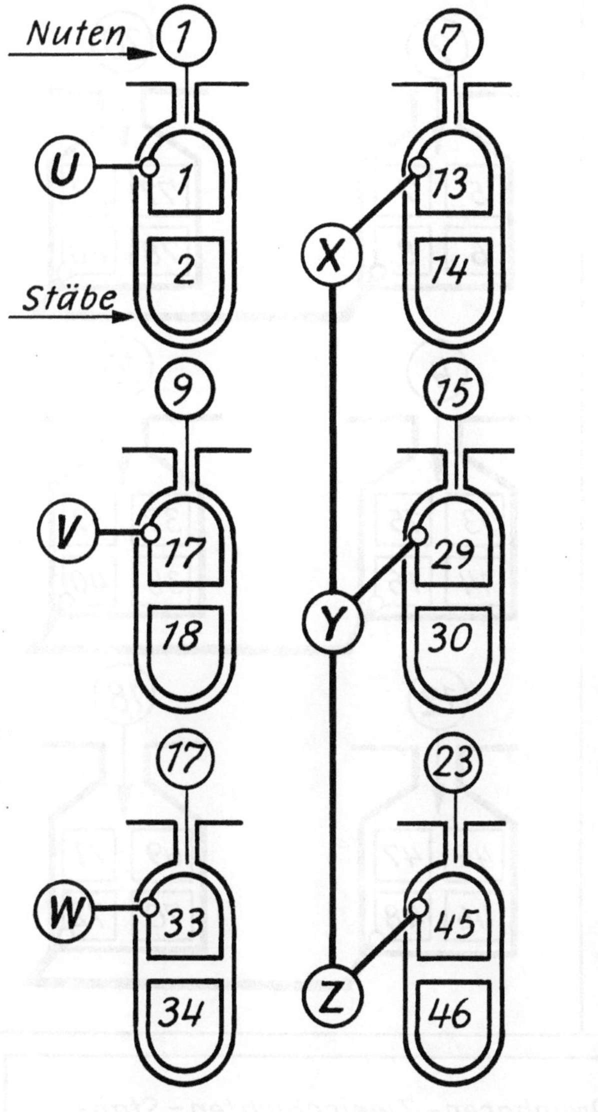

Lage der Umkehrstäbe

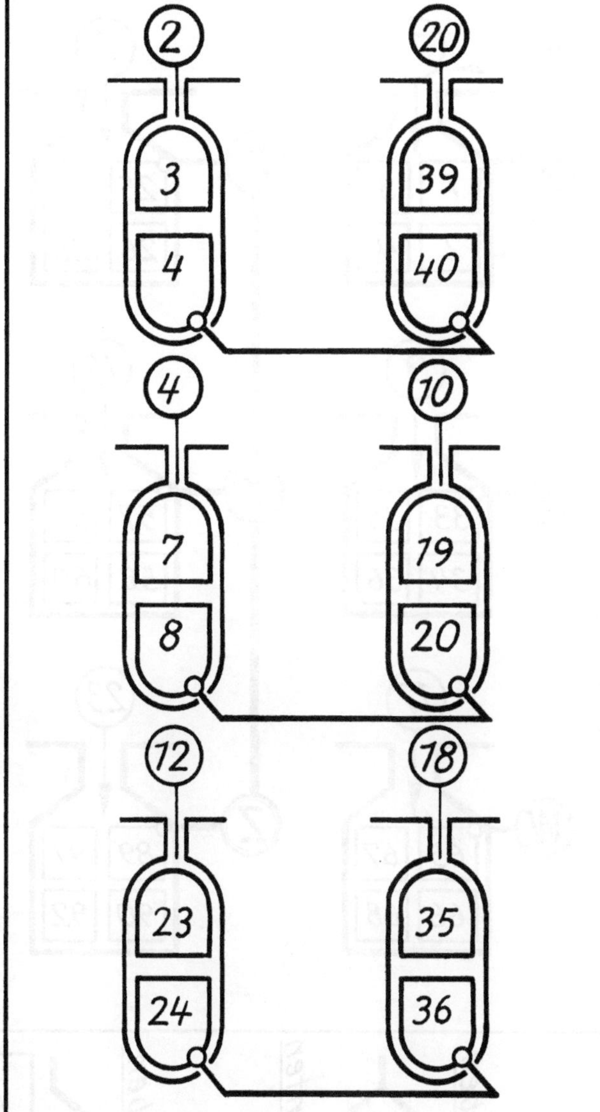

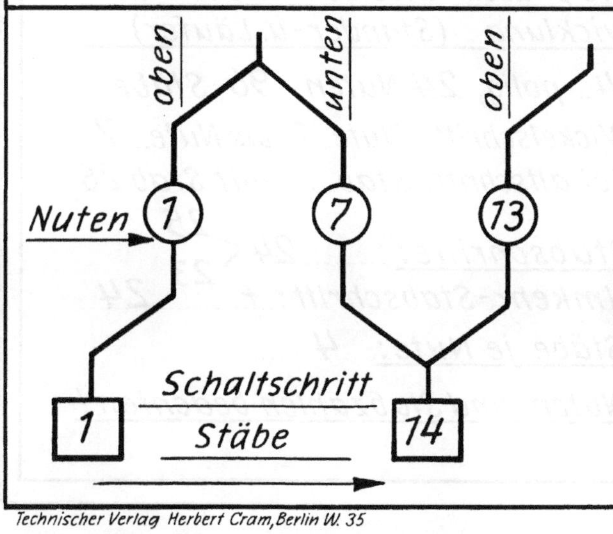

Dreiphasen-Stabwicklung

4 polig 24 Nuten

Wickelschritt: Nute 1 – 7

Schaltschritt Stab: 1 – 14

Technischer Verlag Herbert Cram, Berlin W. 35

Raskop: No: 52

Wicklungs-Schaltbilder

4 polig 24 Nuten
4 Stäbe / Nute
96 Stäbe / total

Lage der Anfänge und Enden

U, V, W X, Y, Z

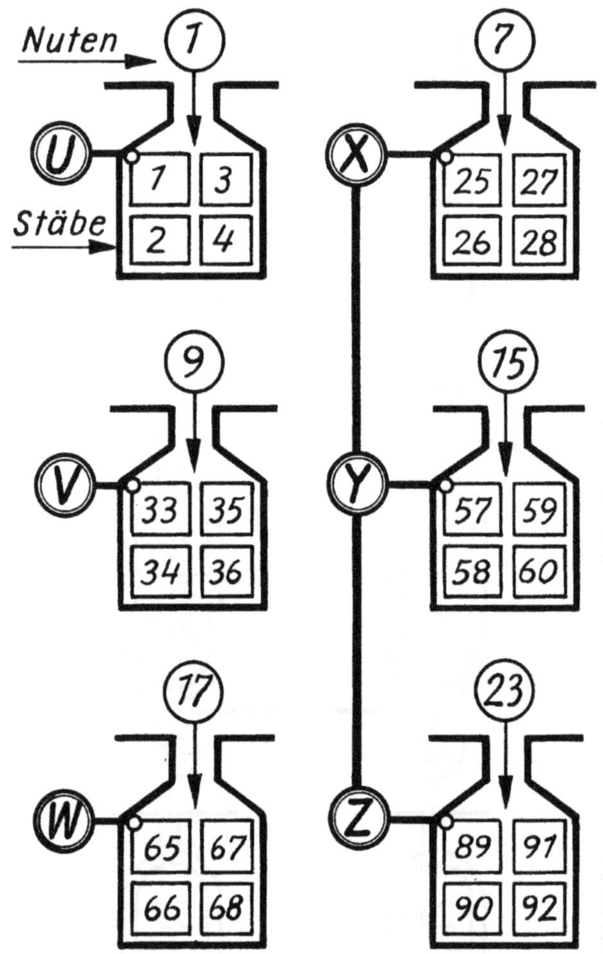

Lage der Umkehrstäbe

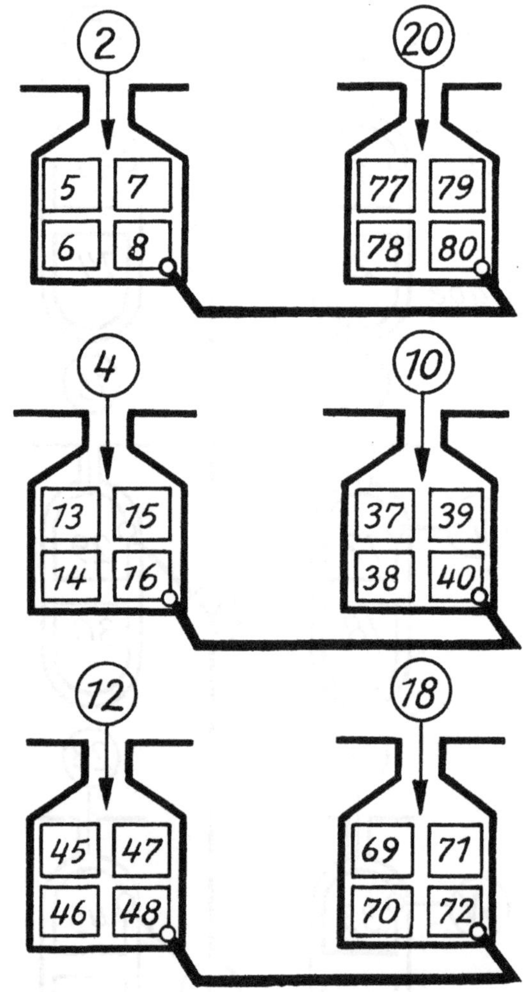

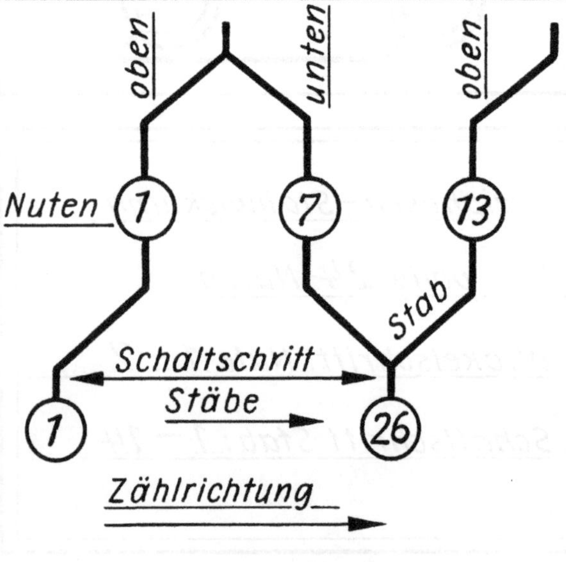

Dreiphasen-Zweischichten-Stabwicklung (Ständer- u. Läufer)

4 polig, 24 Nuten 96 Stäbe

Wickelschritt: Nute 1 bis Nute 7

Schaltschritt: Stab 1 mit Stab 26

Stabschritte: 24 < 25 / 23

Umkehr-Stabschritt: + 24

Stäbe je Nute: 4

Nuten- und Stabzahlen beachten!

Technischer Verlag Herbert Cram, Berlin W. 35

Raskop No. 53
Wicklungs-Schaltbilder

4 polig, 24 Nuten
6 Stäbe/Nute:
144 Stäbe/total:

Lage der Anfänge und Enden	Lage der Umkehrstäbe
U, V, W X, Y, Z	

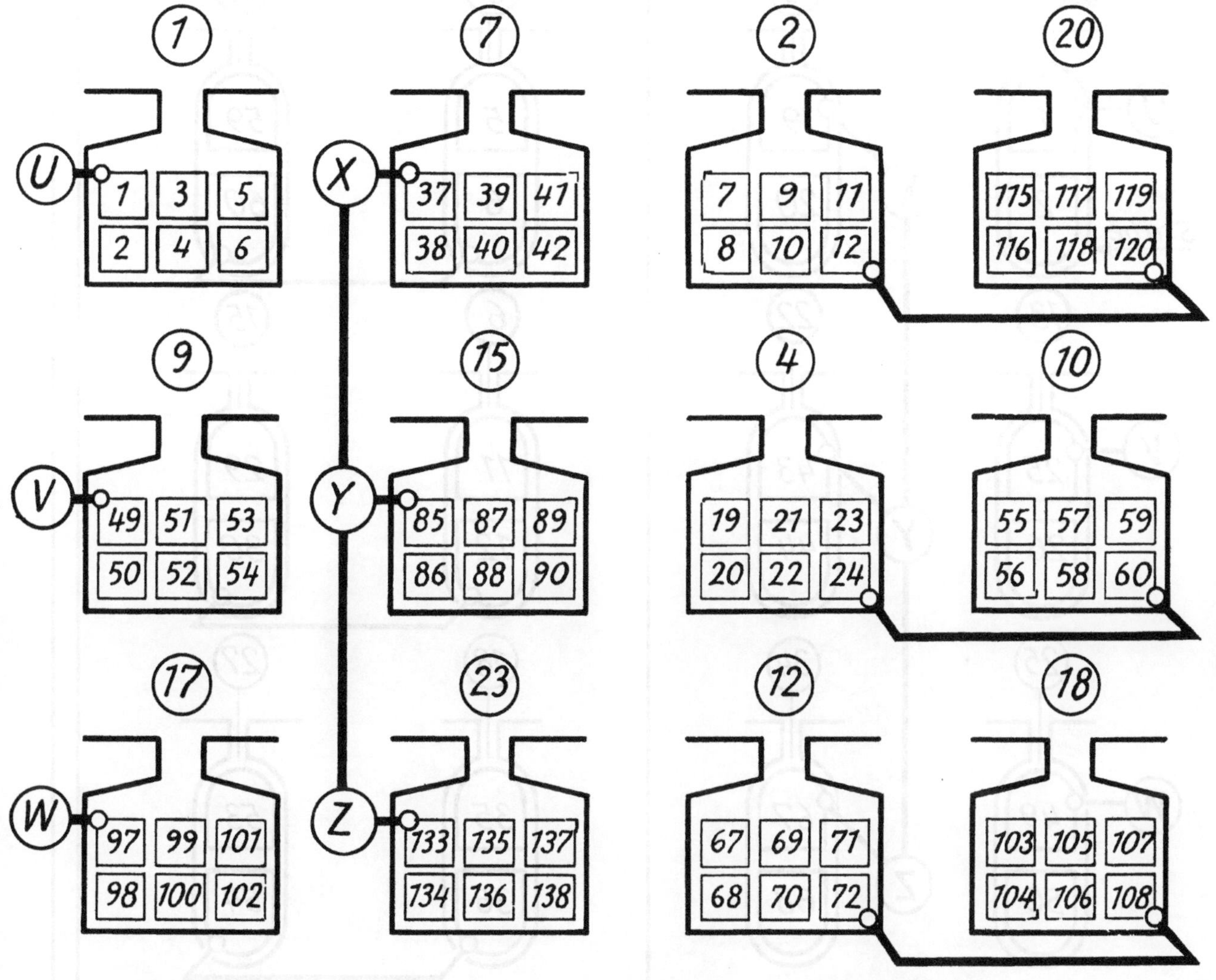

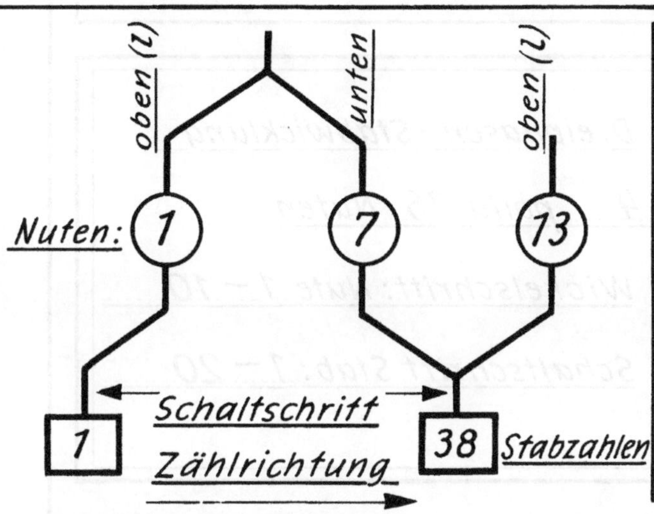

Dreiphasen-Zweischichten-
Stabwicklung (Ständer und Läufer)
4 polig, 24 Nuten, 144 Stäbe
Wickelschritt: Nute 1 bis Nute 7
Schaltschritt: Stab 1 bis Stab 38
Stabschritte: 36 < 37 / 35
Umkehrschritt: + 36
Stäbe je Nute: 6
Nuten- u. Stabzahlen beachten!

Technischer Verlag Herbert Cram, Berlin W. 35

Raskop
Wicklungs-Schaltbilder
No. 54

4 polig 36 Nuten
72 Stäbe

Lage der Anfänge und Enden

U, V, W. X, Y, Z

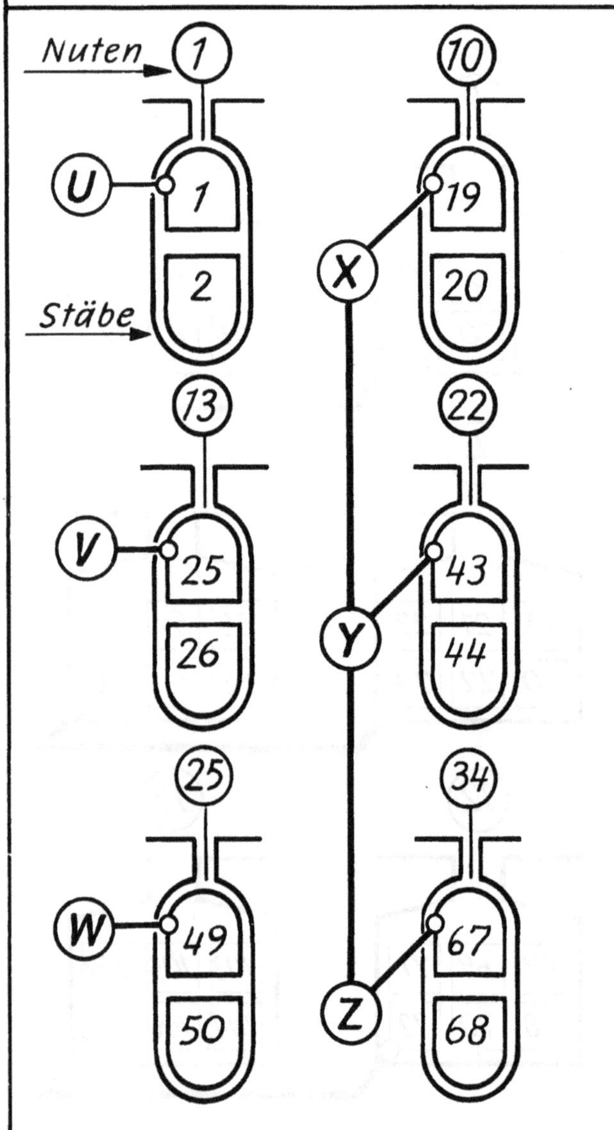

Lage der Umkehrstäbe

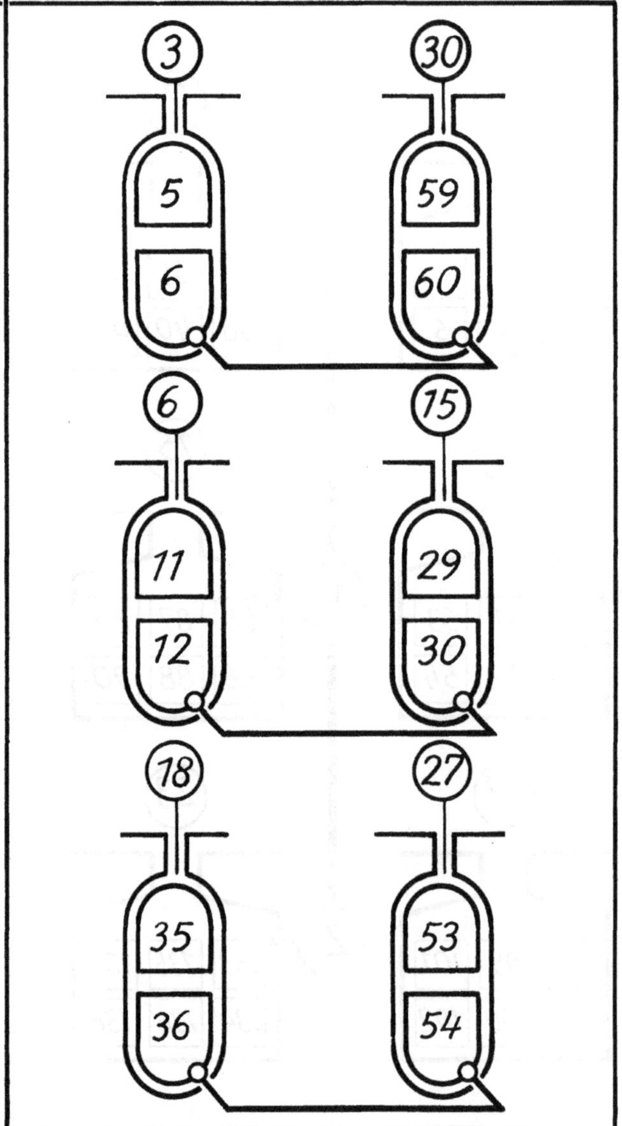

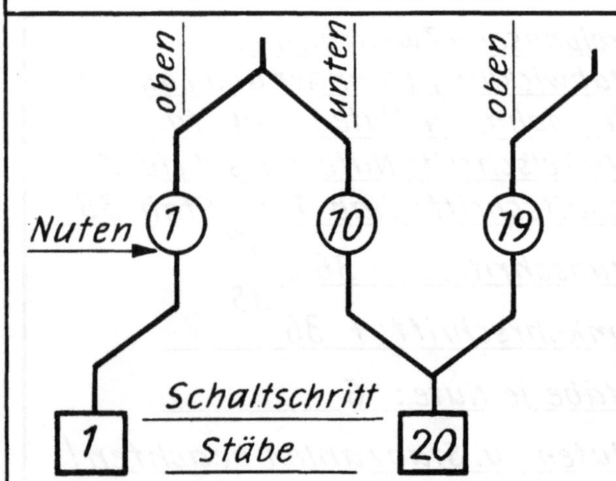

Dreiphasen-Stabwicklung

4 polig 36 Nuten

Wickelschritt: Nute 1 — 10

Schaltschritt Stab: 1 — 20

Technischer Verlag Herbert Cram, Berlin W. 35

Raskop: No: 55
Wicklungs-Schaltbilder

4 polig 36 Nuten
4 Stäbe / Nute
144 Stäbe / total

Lage der Anfänge und Enden
U, V, W   X, Y, Z

Lage der Umkehrstäbe

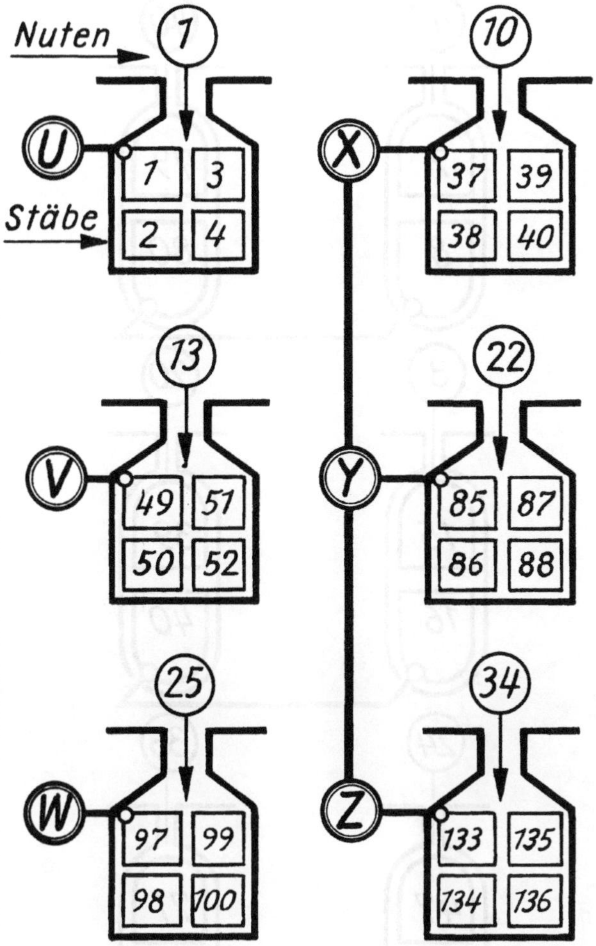

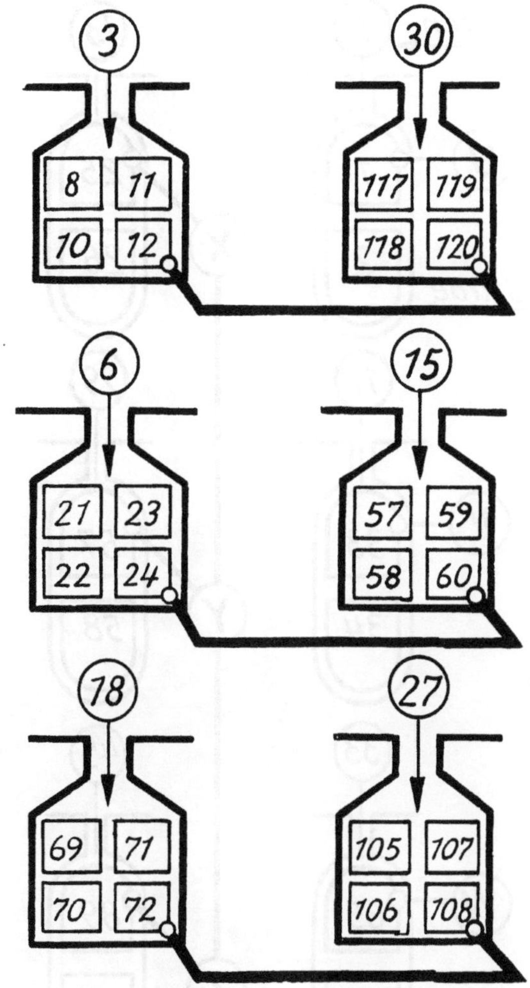

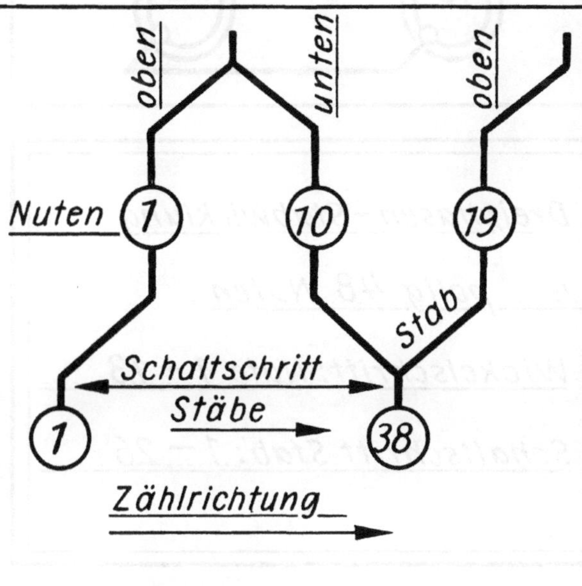

Dreiphasen-Zweischichten-Stabwicklung (Ständer- u. Läufer)

4 polig, 36 Nuten 144 Stäbe

Wickelschritt: Nute 1 bis Nute 10

Schaltschritt: Stab 1 mit Stab 38

Stabschritte: 36 < 37 / 35

Umkehr-Stabschritt: + 36

Stäbe je Nute: 4

Nuten- und Stabzahlen beachten !

Technischer Verlag Herbert Cram, Berlin W. 35

Raskop
Wicklungs-Schaltbilder
No. 56

4 polig 48 Nuten
96 Stäbe

Lage der Anfänge und Enden

U, V, W. X, Y, Z

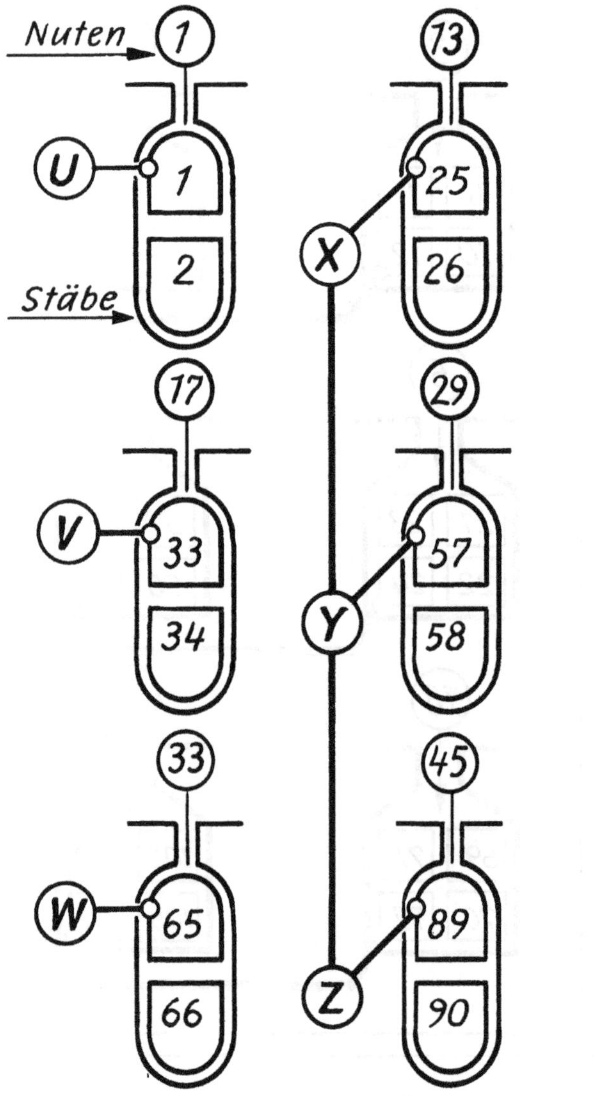

Lage der Umkehrstäbe

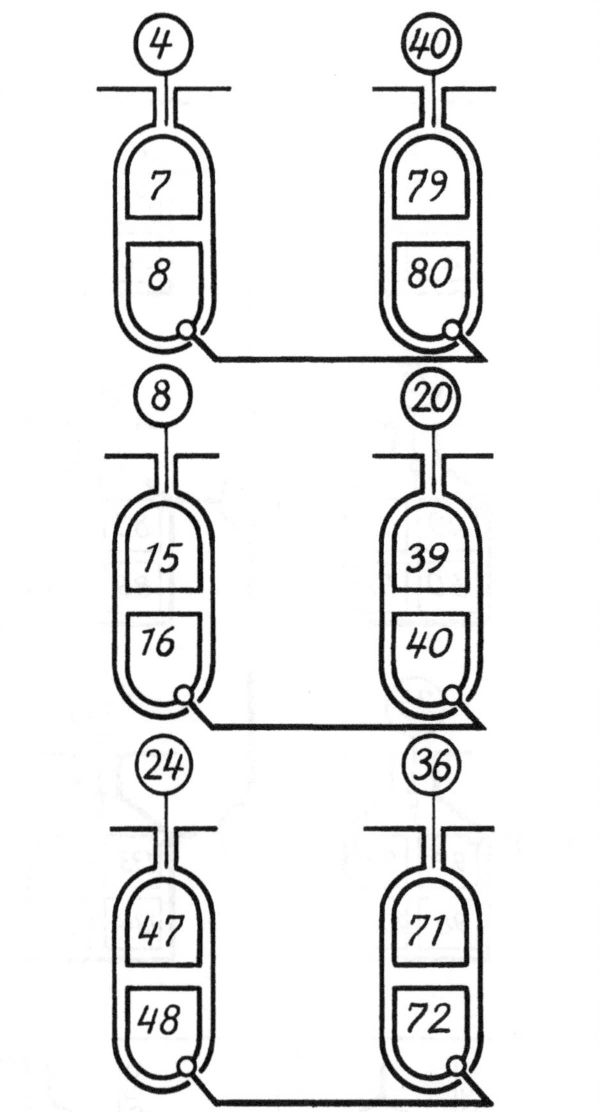

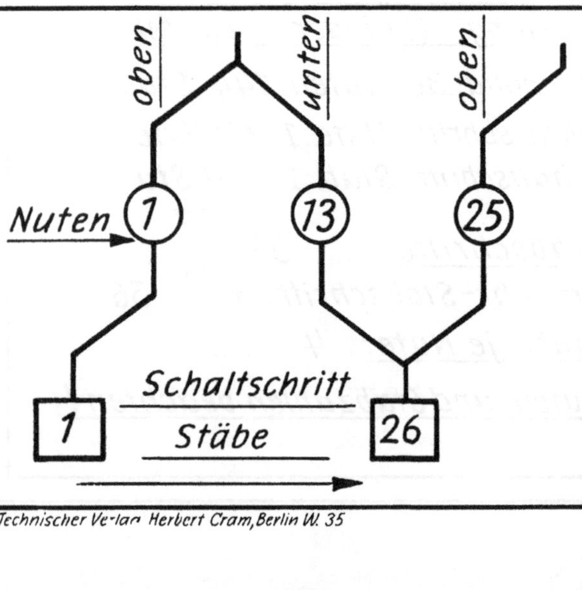

Dreiphasen-Stabwicklung

4 polig 48 Nuten

Wickelschritt: Nute 1 — 13

Schaltschritt Stab: 1 — 26

Technischer Verlag Herbert Cram, Berlin W. 35

Raskop: No: 57
Wicklungs-Schaltbilder

4 polig 48 Nuten
4 Stäbe / Nute
192 Stäbe / total

Lage der Anfänge und Enden — Lage der Umkehrstäbe

U, V, W X, Y, Z

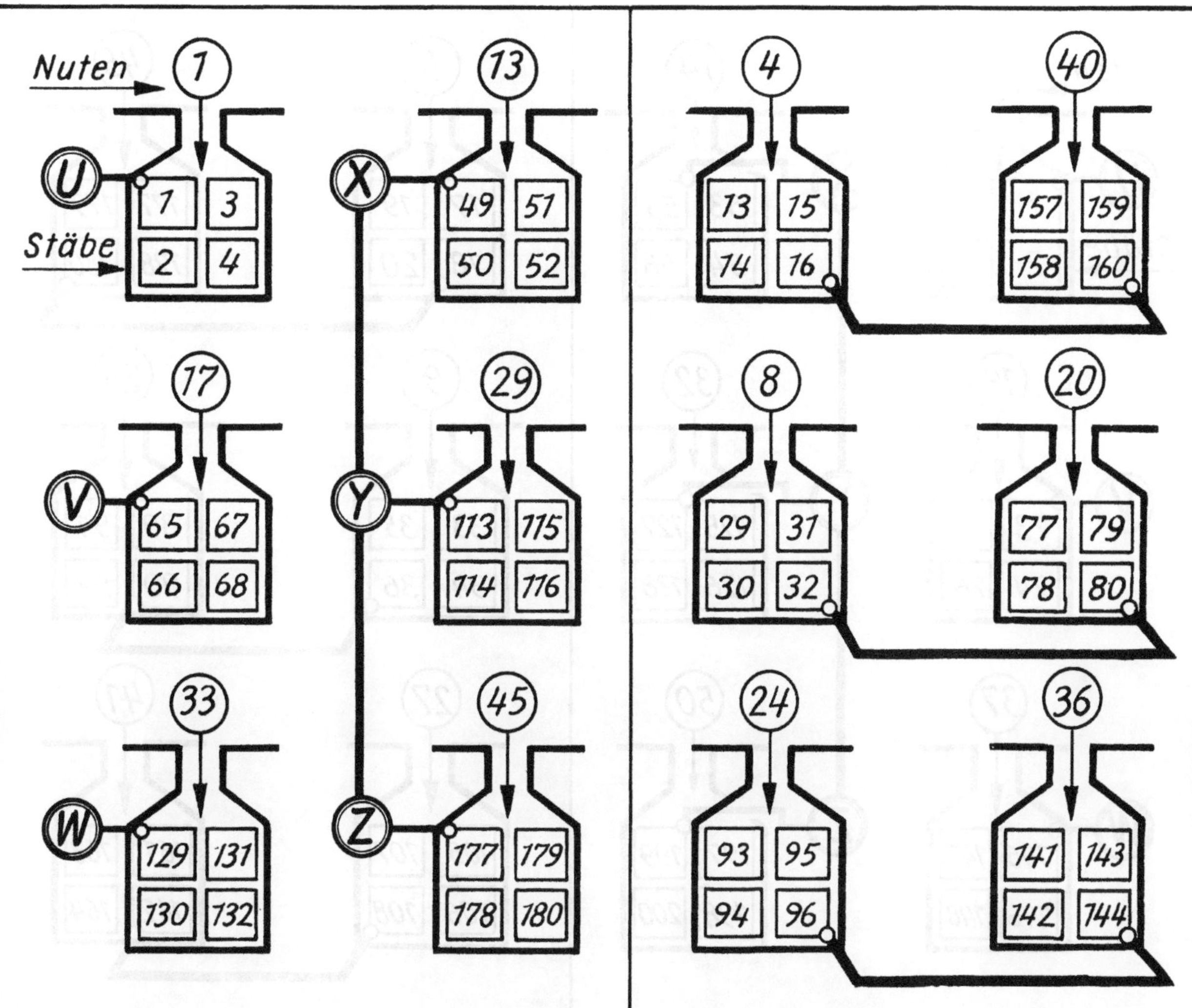

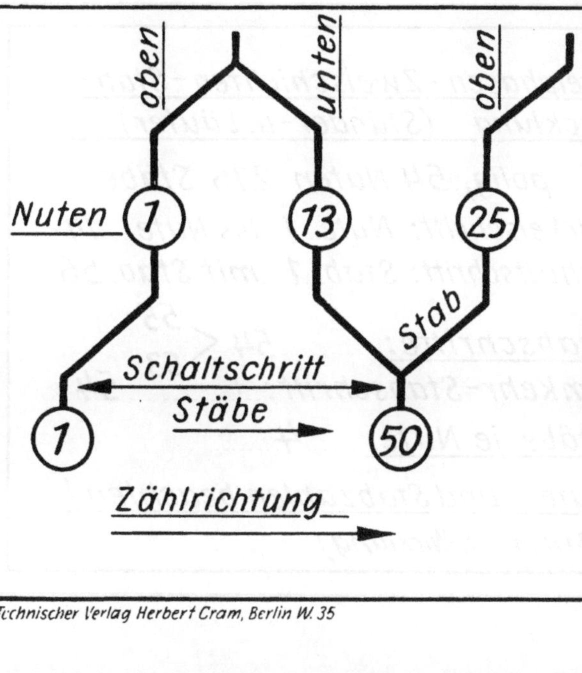

Dreiphasen-Zweischichten-Stabwicklung (Ständer-u. Läufer)

4 polig, 48 Nuten 192 Stäbe
Wickelschritt: Nute 1 bis Nute 13
Schaltschritt: Stab 1 mit Stab 50

Stabschritte: 48 < 49 / 47
Umkehr-Stabschritt: + 48
Stäbe je Nute: 4

Nuten-und Stabzahlen beachten!

Technischer Verlag Herbert Cram, Berlin W. 35

Raskop: No: 58

Wicklungs-Schaltbilder

4 polig 54 Nuten
4 Stäbe / Nute
216 Stäbe / total

Lage der Anfänge und Enden	Lage der Umkehrstäbe
U, V, W X, Y, Z	

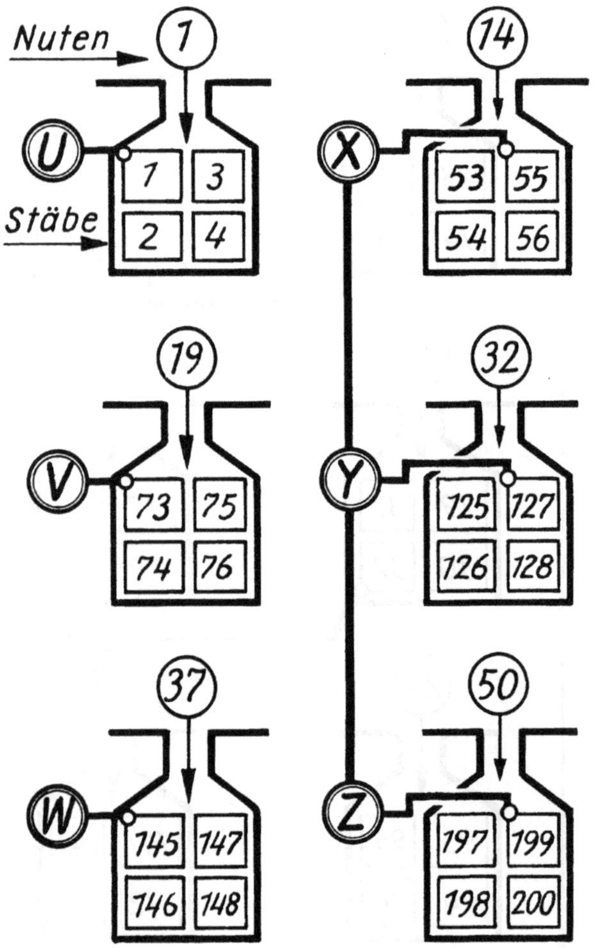

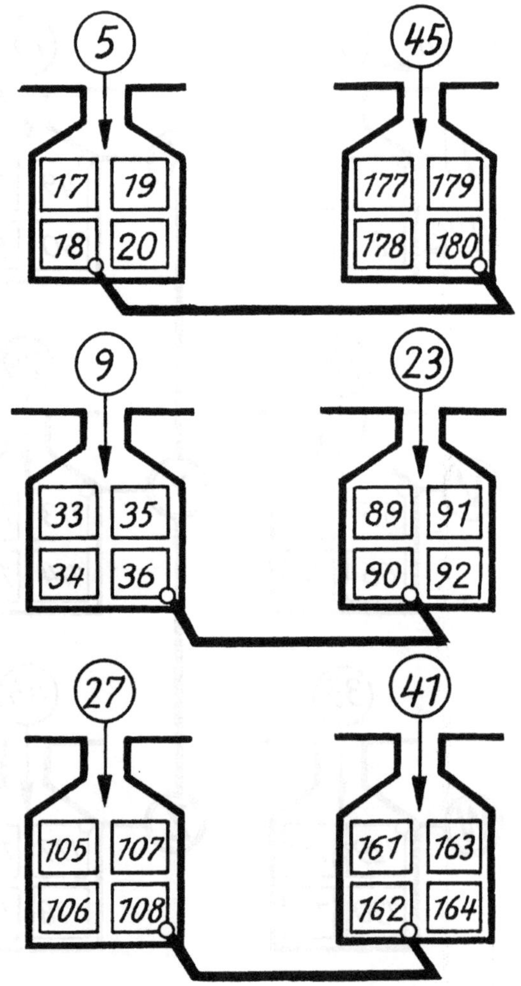

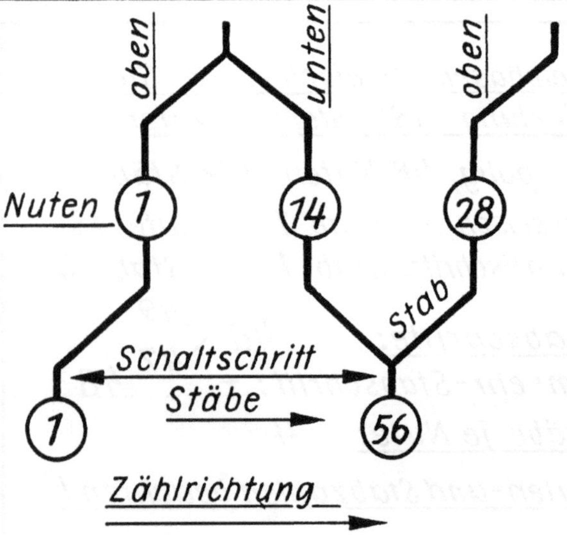

Dreiphasen-Zweischichten-Stabwicklung (Ständer- u. Läufer)

4 polig, 54 Nuten 216 Stäbe

Wickelschritt: Nute 1 bis Nute 14

Schaltschritt: Stab 1 mit Stab 56

Stabschritte: 54 < 55 / 53

Umkehr-Stabschritt: + 54

Stäbe je Nute: 4

Nuten- und Stabzahlen beachten!

(Bruchloch-Wicklung)

Technischer Verlag Herbert Cram, Berlin W. 35

Raskop
Wicklungs-Schaltbilder
No. 59

4 polig 60 Nuten
120 Stäbe

Lage der Anfänge und Enden	Lage der Umkehrstäbe
U, V, W. X, Y, Z	

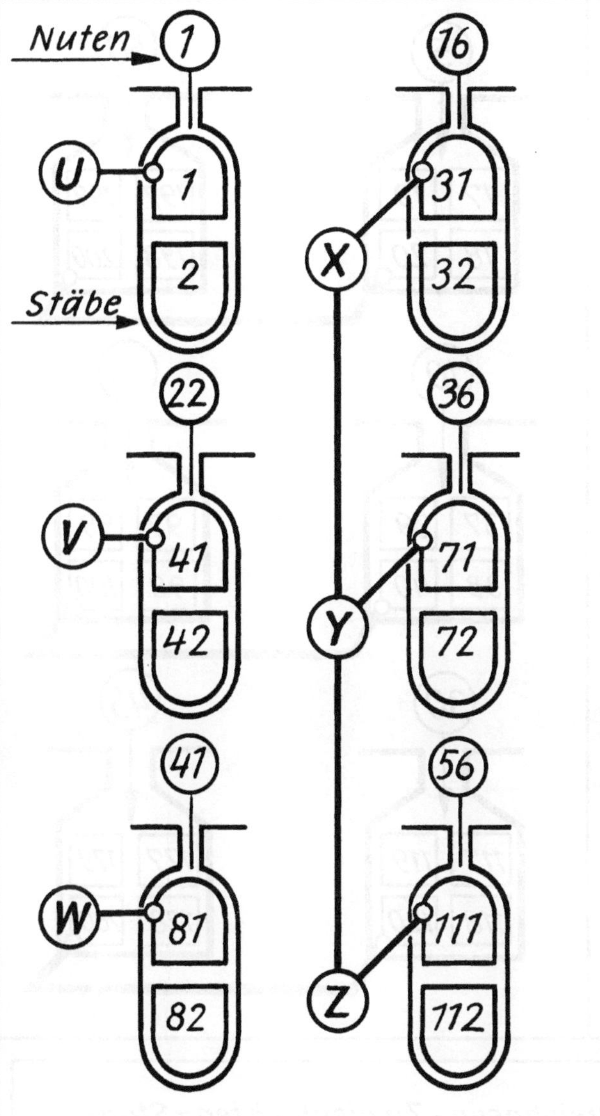

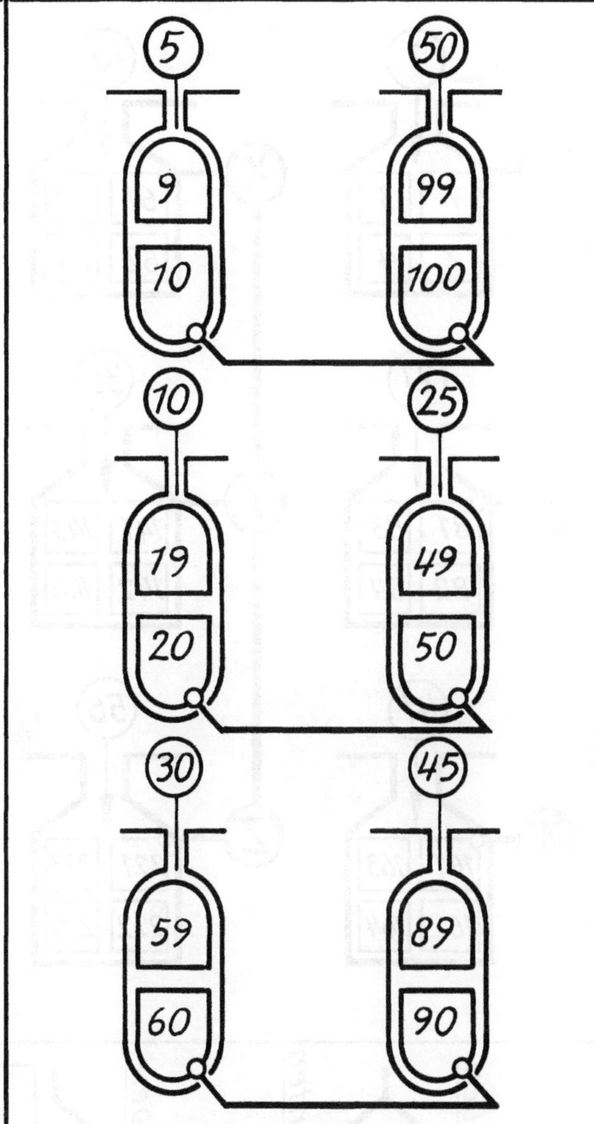

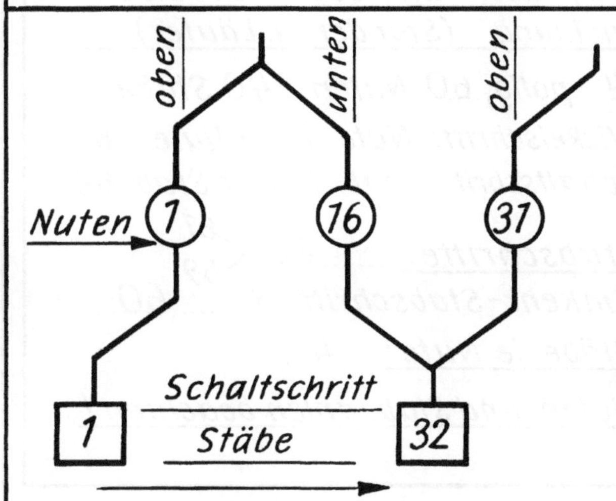

Dreiphasen-Stabwicklung

4 polig 60 Nuten

Wickelschritt: Nute 1 – 16

Schaltschritt Stab: 1 – 32

Technischer Verlag Herbert Cram, Berlin W. 35

Raskop: No: 60
Wicklungs-Schaltbilder

4 polig 60 Nuten
4 Stäbe / Nute
240 Stäbe / total

Lage der Anfänge und Enden
U, V, W X, Y, Z

Lage der Umkehrstäbe

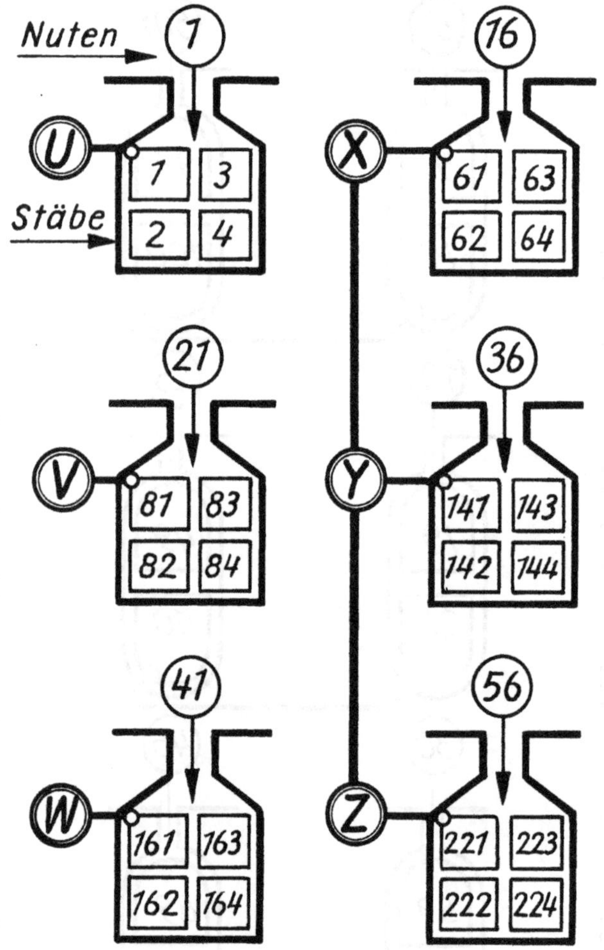

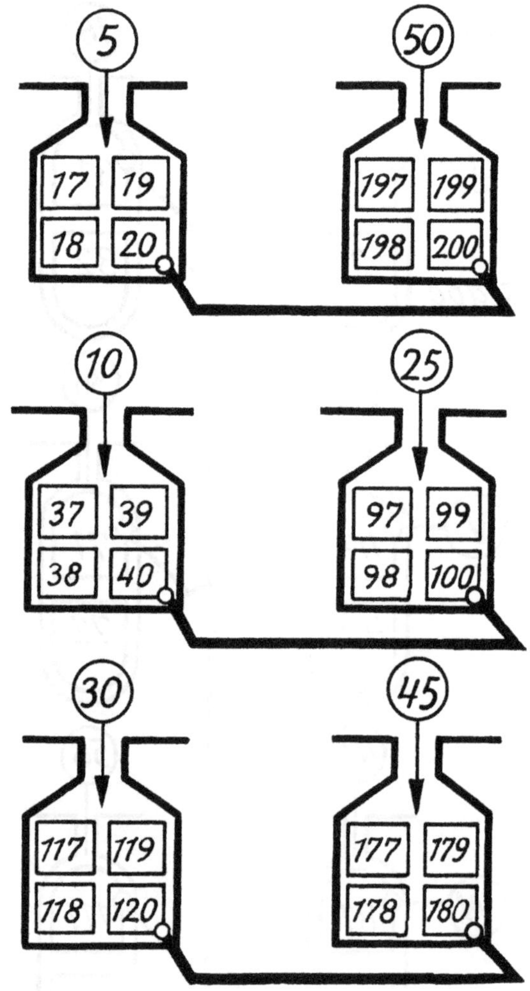

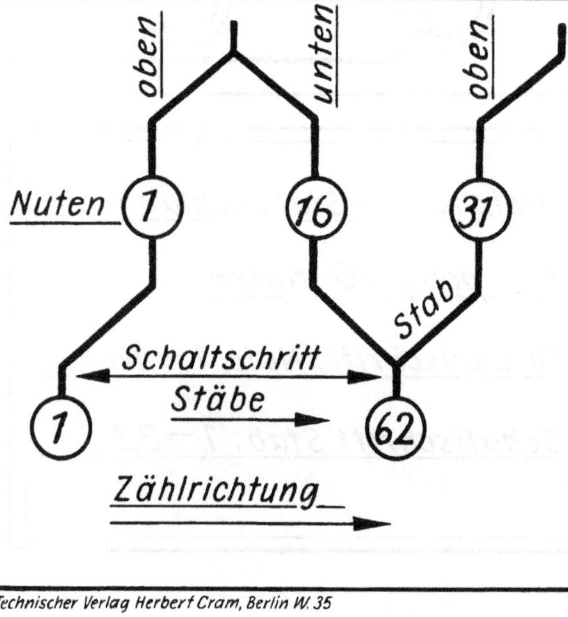

Dreiphasen-Zweischichten-Stabwicklung (Ständer-u. Läufer)

4 polig, 60 Nuten 240 Stäbe

Wickelschritt: Nute 1 bis Nute 16

Schaltschritt: Stab 1 mit Stab 62

Stabschritte: 60 < 61 / 59

Umkehr-Stabschritt: + 60

Stäbe je Nute: 4

Nuten- und Stabzahlen beachten!

Technischer Verlag Herbert Cram, Berlin W. 35

Raskop
Wicklungs-Schaltbilder
No. 61

4 polig 72 Nuten
144 Stäbe

Lage der Anfänge und Enden

U, V, W. X, Y, Z

Lage der Umkehrstäbe

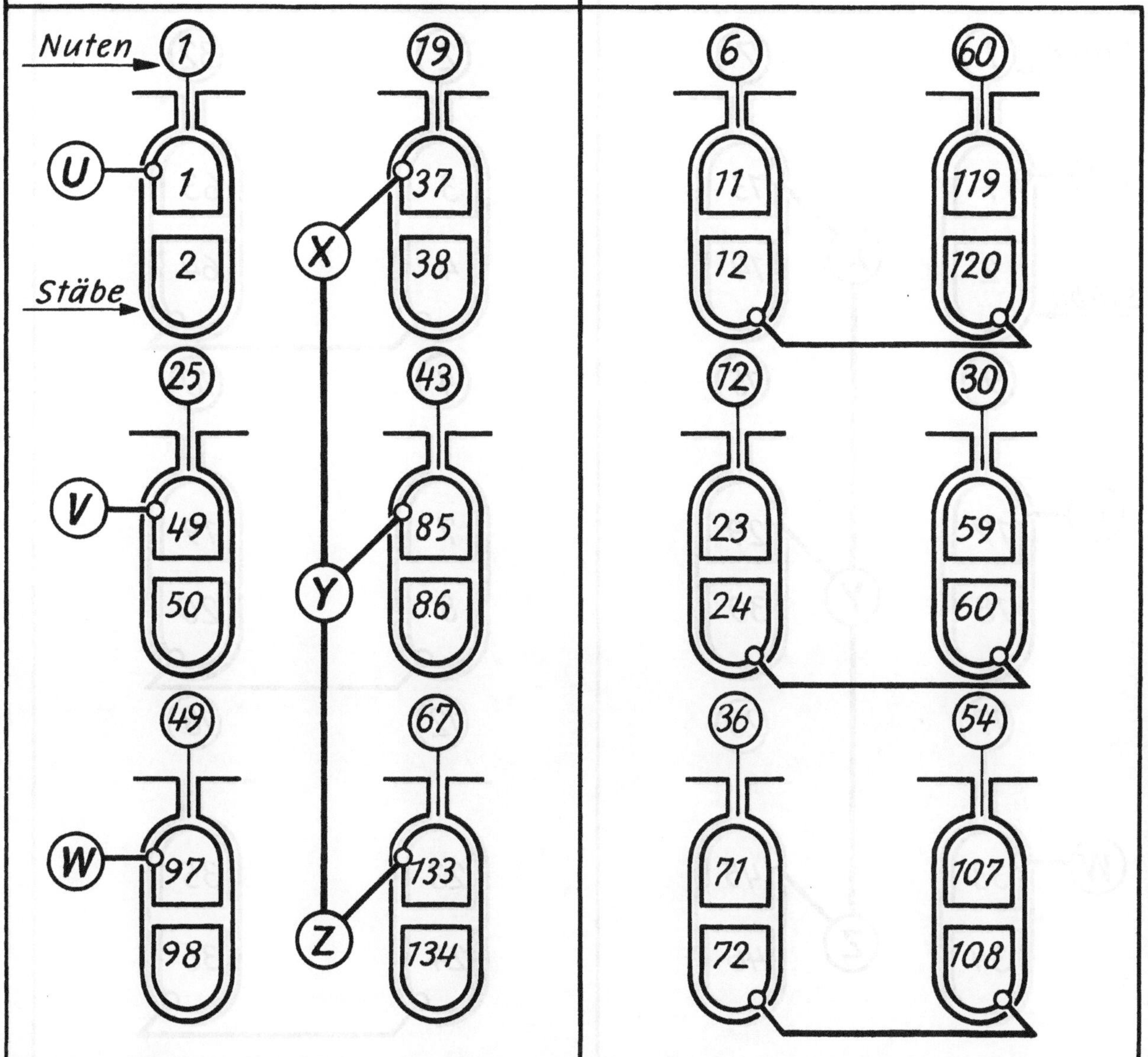

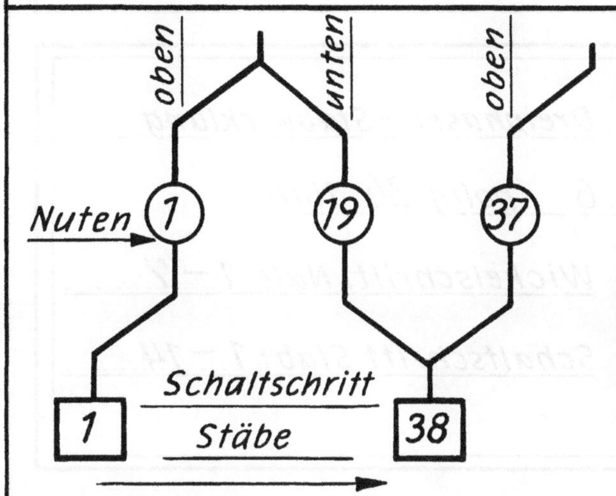

Dreiphasen-Stabwicklung

4 polig 72 Nuten

Wickelschritt: Nute 1 – 19

Schaltschritt Stab: 1 – 38

Technischer Verlag Herbert Cram, Berlin W. 35

Raskop
Wicklungs-Schaltbilder
No. 62

6 polig 36 Nuten
72 Stäbe

Lage der Anfänge und Enden

U, V, W. X, Y, Z

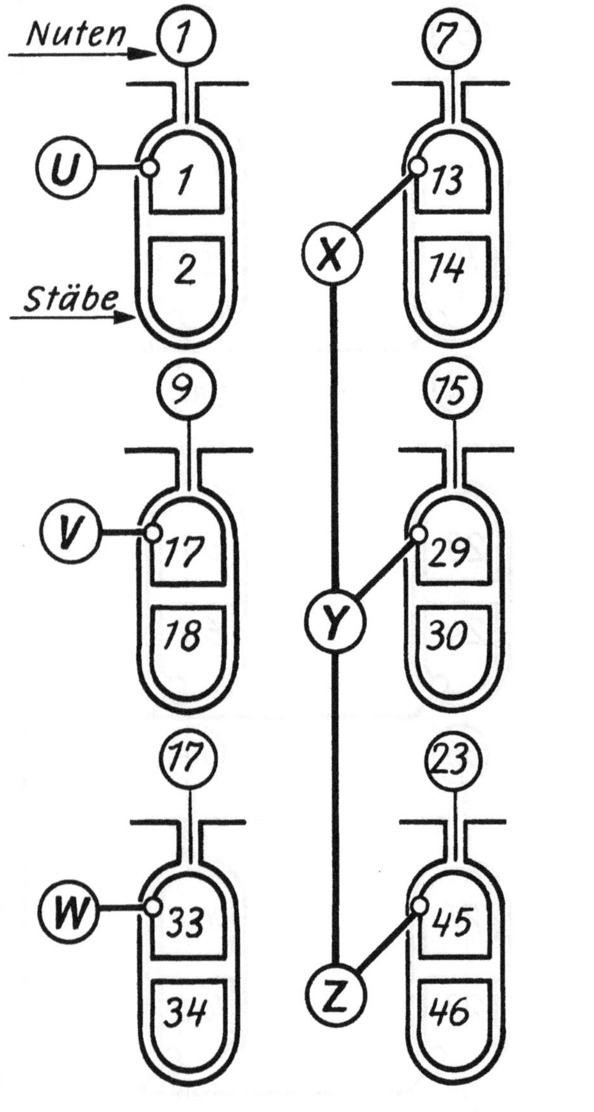

Lage der Umkehrstäbe

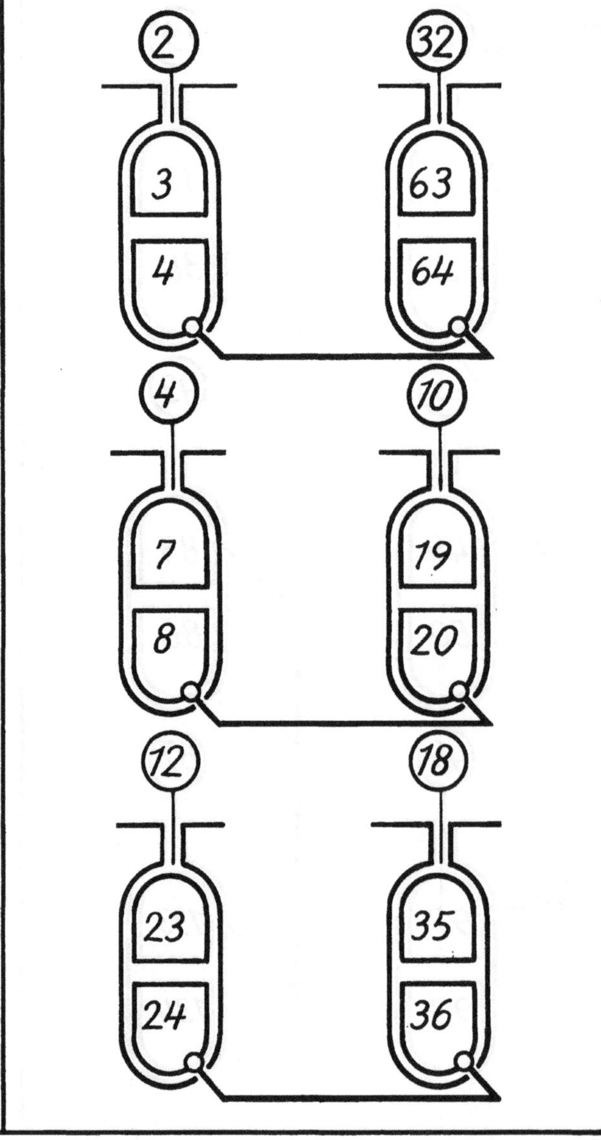

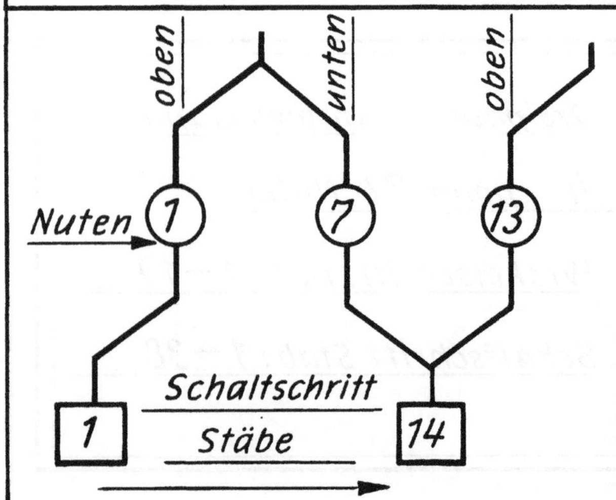

Dreiphasen-Stabwicklung

6 polig 36 Nuten

Wickelschritt: Nute 1 – 7

Schaltschritt Stab: 1 – 14

Technischer Verlag Herbert Cram, Berlin W. 35

Raskop: **No: 63**

Wicklungs-Schaltbilder

6 polig 36 Nuten
4 Stäbe / Nute
144 Stäbe / total

Lage der Anfänge und Enden

U, V, W **X, Y, Z**

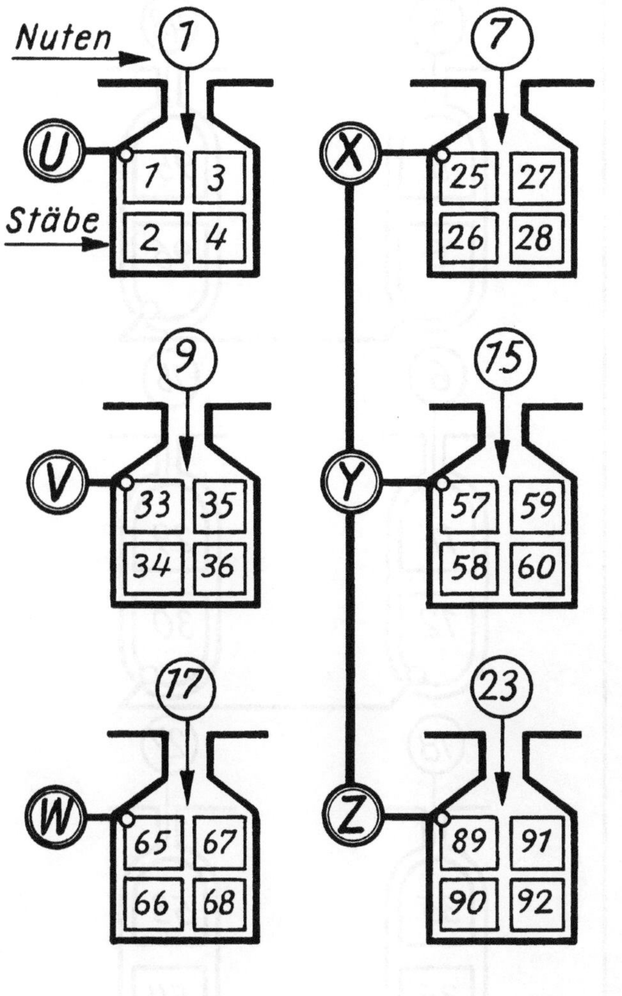

Lage der Umkehrstäbe

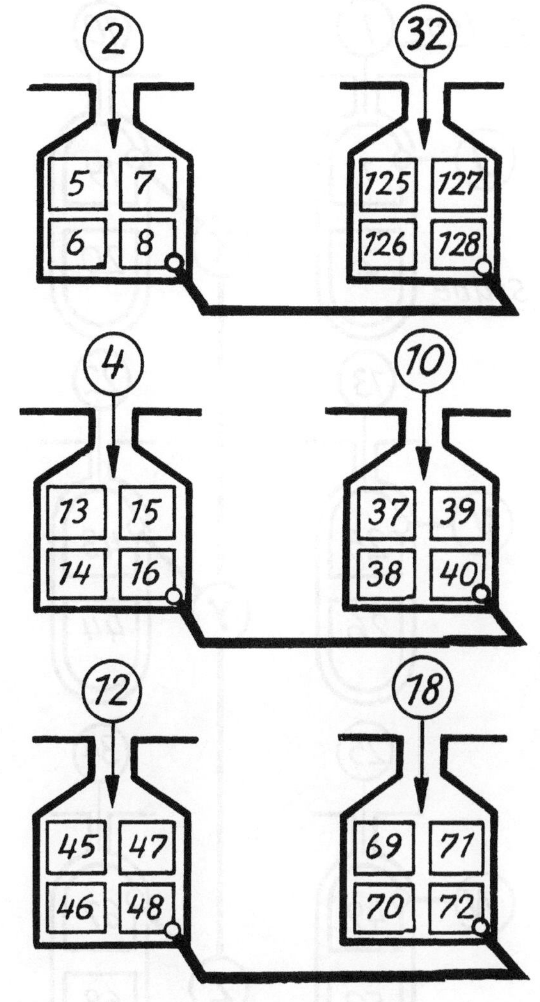

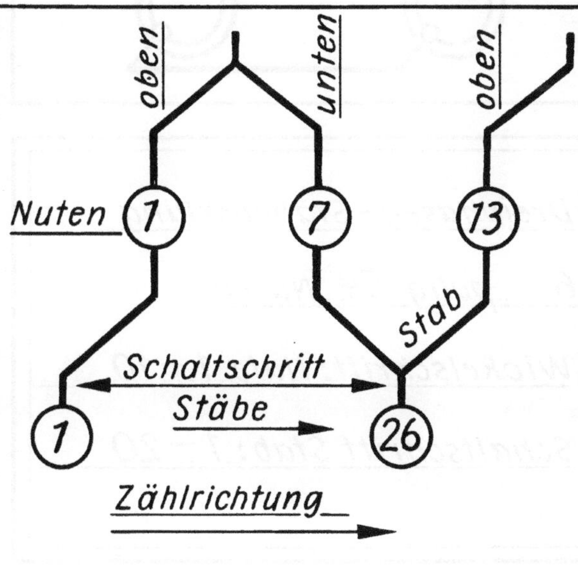

Dreiphasen-Zweischichten-Stabwicklung (Ständer- u. Läufer)

6 polig, 36 Nuten 144 Stäbe

Wickelschritt: Nute 1 bis Nute 7

Schaltschritt: Stab 1 mit Stab 26

Stabschritte: 24 < 25 / 23

Umkehr-Stabschritt: + 24

Stäbe je Nute: 4

Nuten- und Stabzahlen beachten!

Technischer Verlag Herbert Cram, Berlin W. 35

Raskop
Wicklungs-Schaltbilder
No. 64

6 polig 54 Nuten
108 Stäbe

Lage der Anfänge und Enden

U, V, W. X, Y, Z

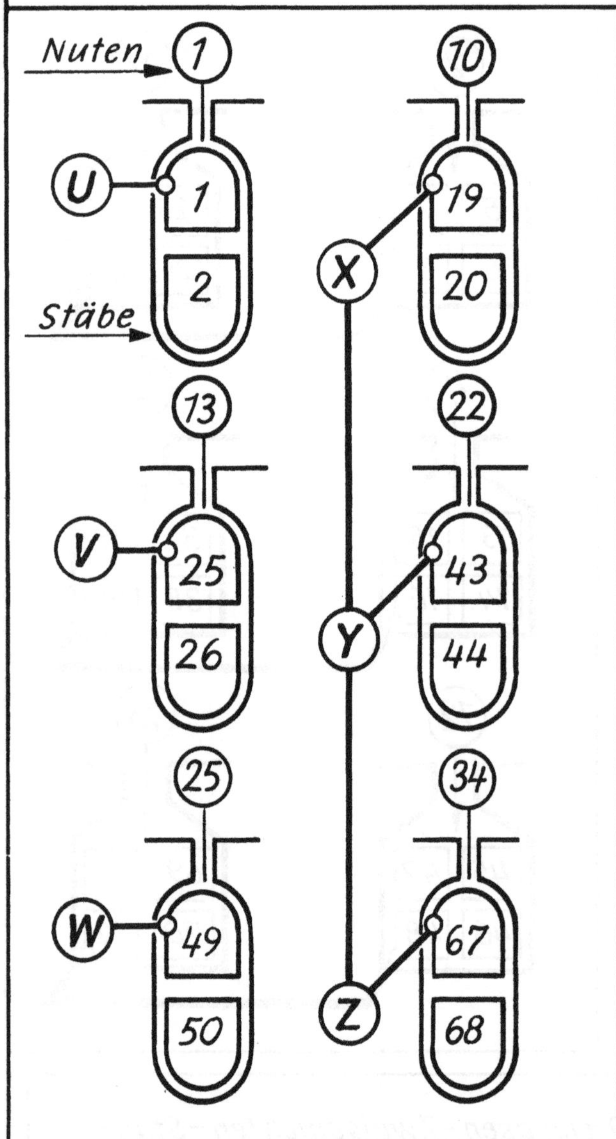

Lage der Umkehrstäbe

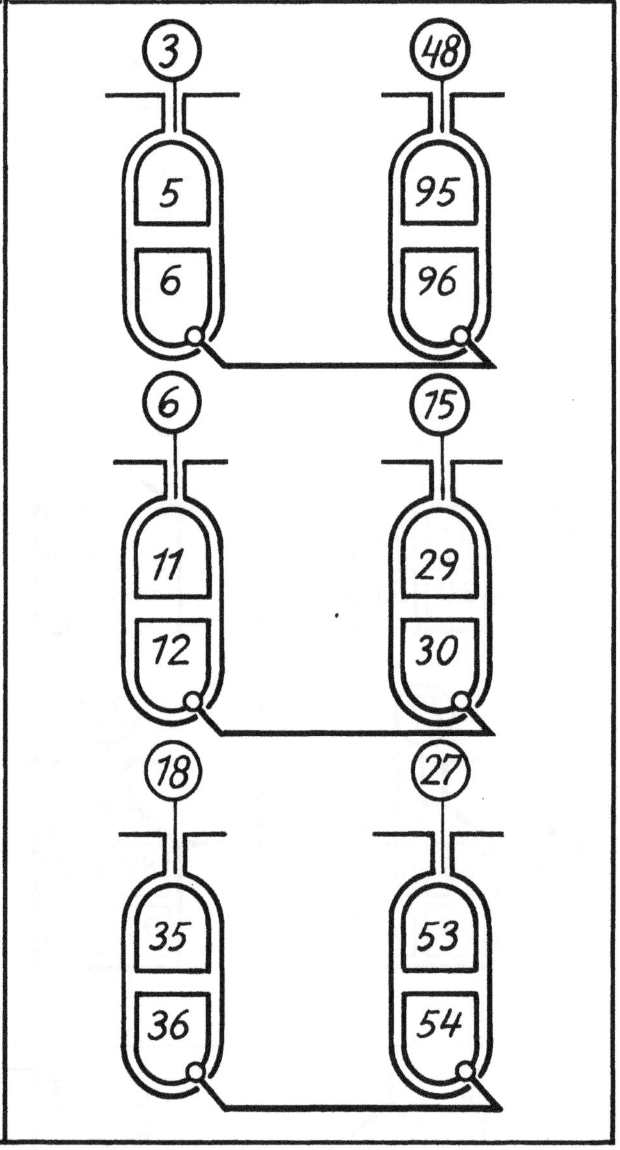

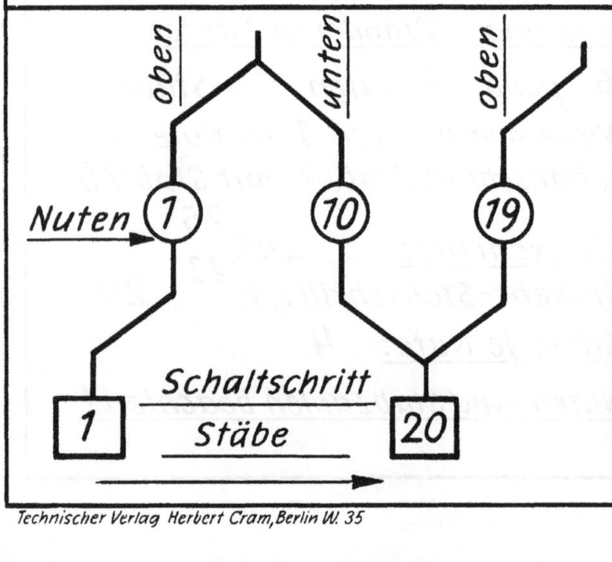

Dreiphasen-Stabwicklung

6 polig 54 Nuten

Wickelschritt: Nute 1 – 10

Schaltschritt Stab: 1 – 20

Technischer Verlag Herbert Cram, Berlin W. 35

Raskop
Wicklungs-Schaltbilder
No. 65

6 polig 72 Nuten
144 Stäbe

Lage der Anfänge und Enden

U, V, W. X, Y, Z

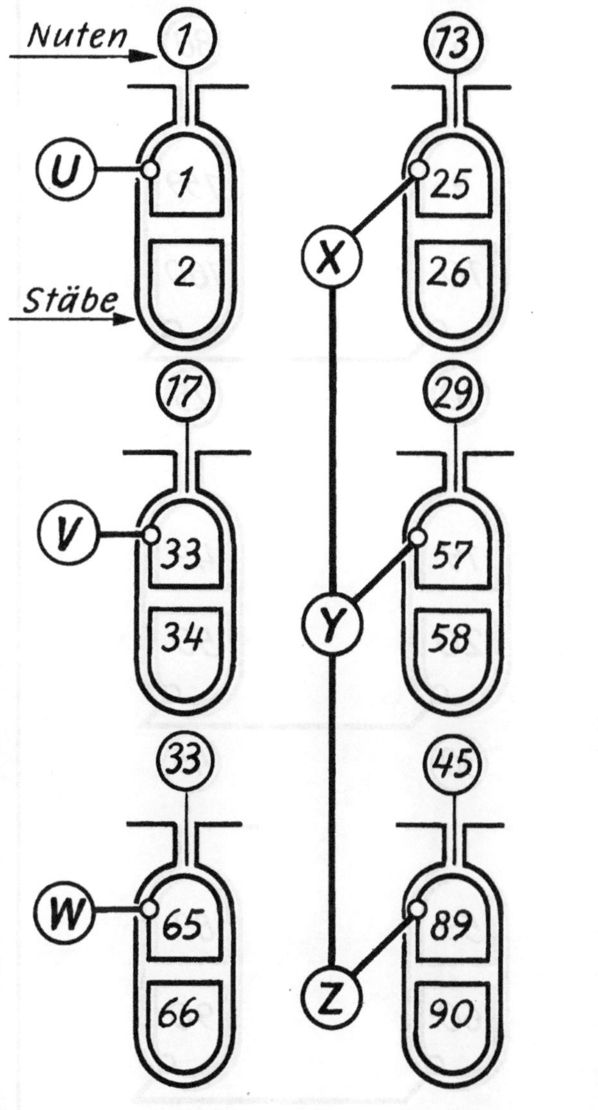

Lage der Umkehrstäbe

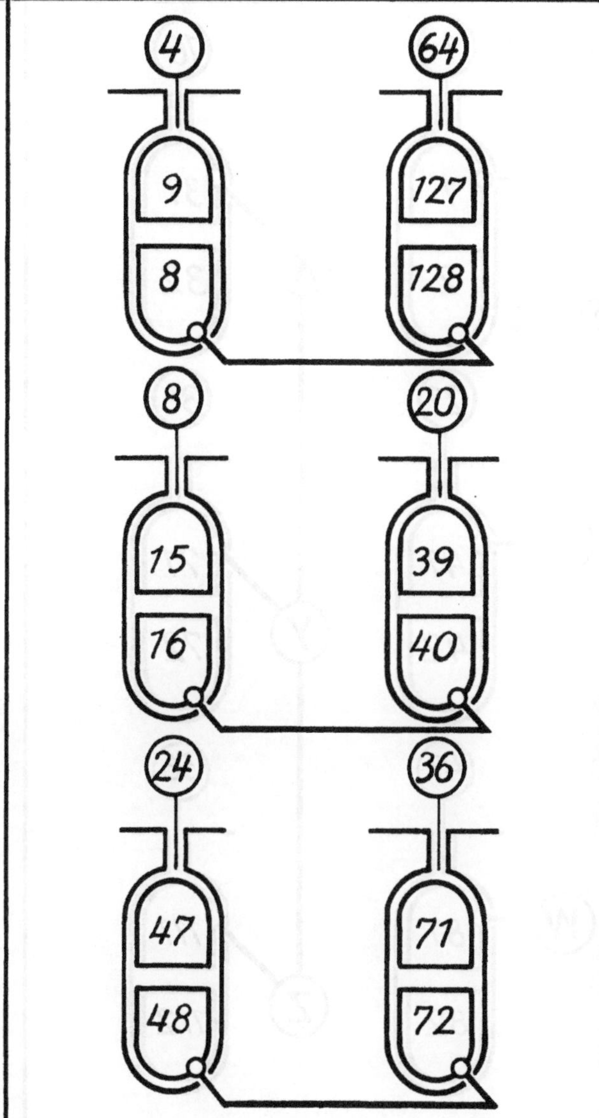

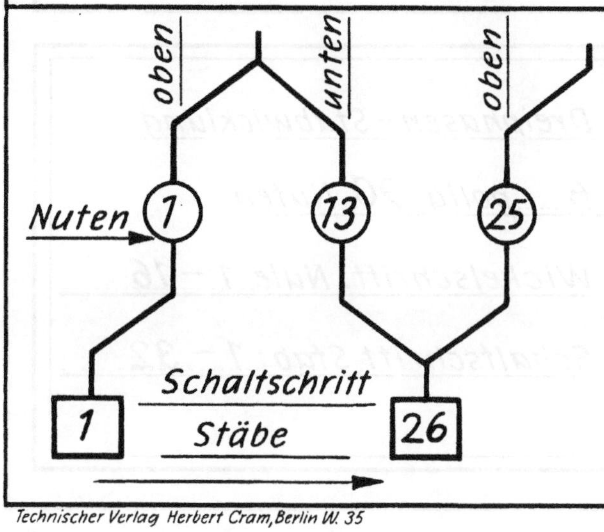

Dreiphasen-Stabwicklung

6 polig 72 Nuten

Wickelschritt: Nute 1 – 13

Schaltschritt Stab: 1 – 26

Technischer Verlag Herbert Cram, Berlin W. 35

Raskop
Wicklungs-Schaltbilder
No. 66

6 polig 90 Nuten
180 Stäbe

Lage der Anfänge und Enden U, V, W. X, Y, Z	Lage der Umkehrstäbe

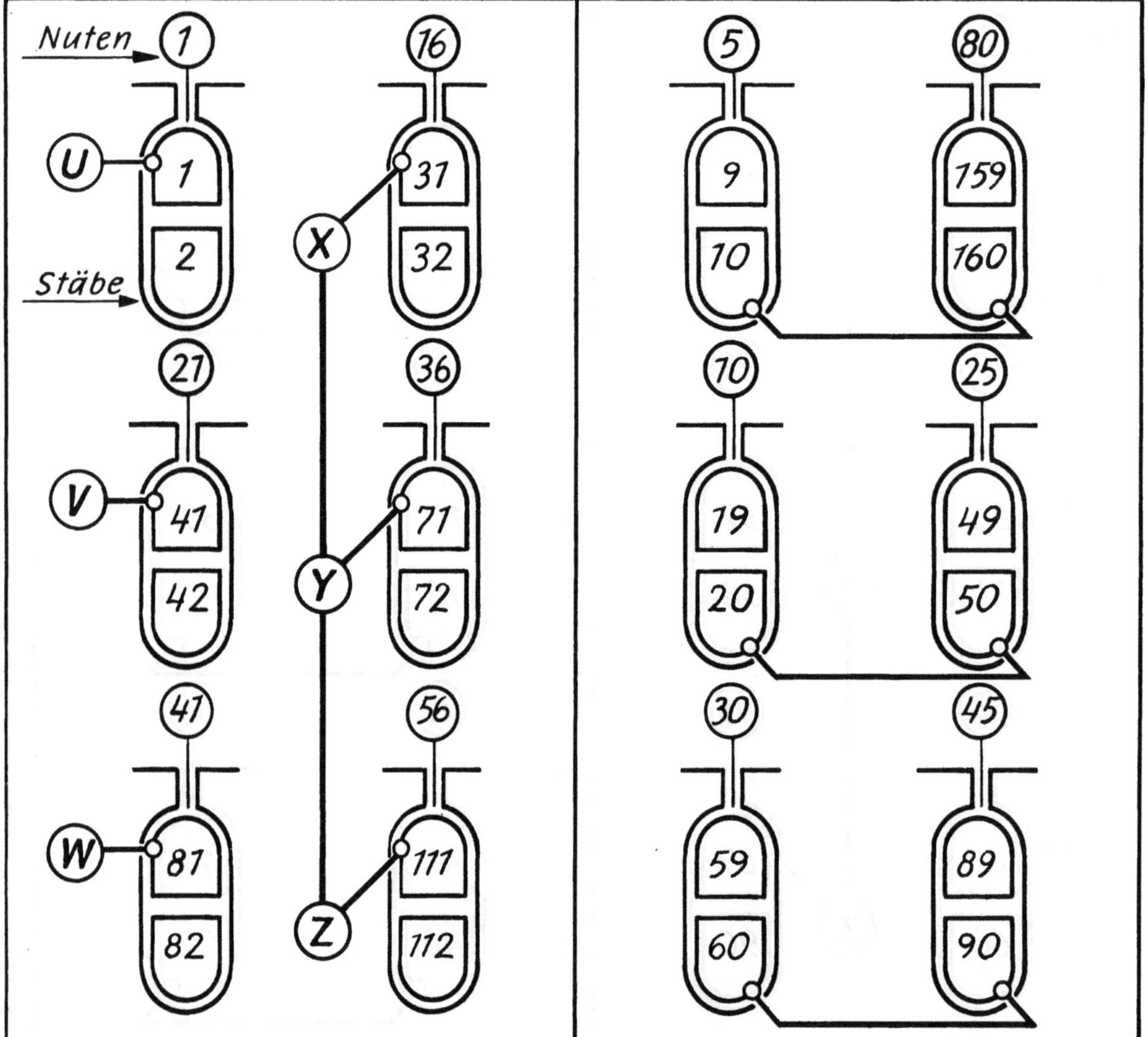

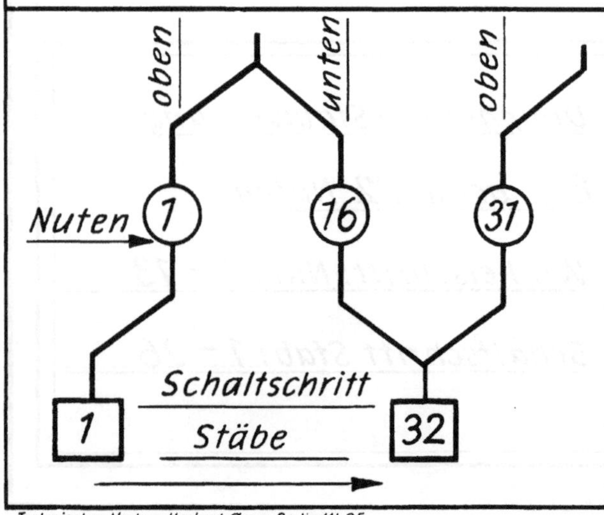

Dreiphasen-Stabwicklung

6 polig 90 Nuten

Wickelschritt: Nute 1 – 16

Schaltschritt Stab: 1 – 32

Technischer Verlag Herbert Cram, Berlin W. 35

Raskop
Wicklungs-Schaltbilder
No. 67

6 polig 108 Nuten
216 Stäbe

Lage der Anfänge und Enden

U, V, W. X, Y, Z

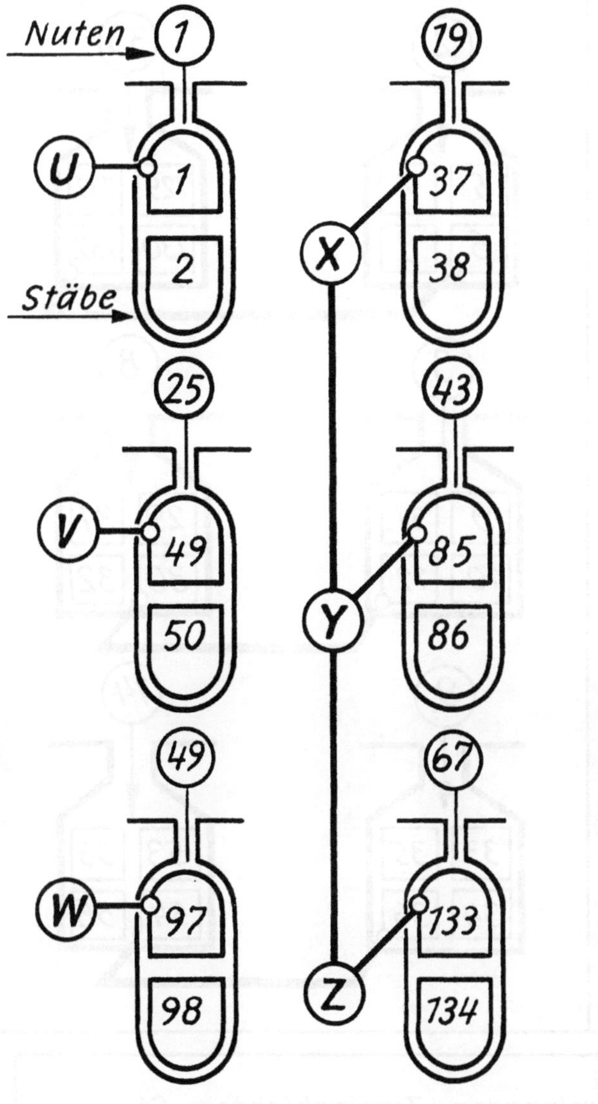

Lage der Umkehrstäbe

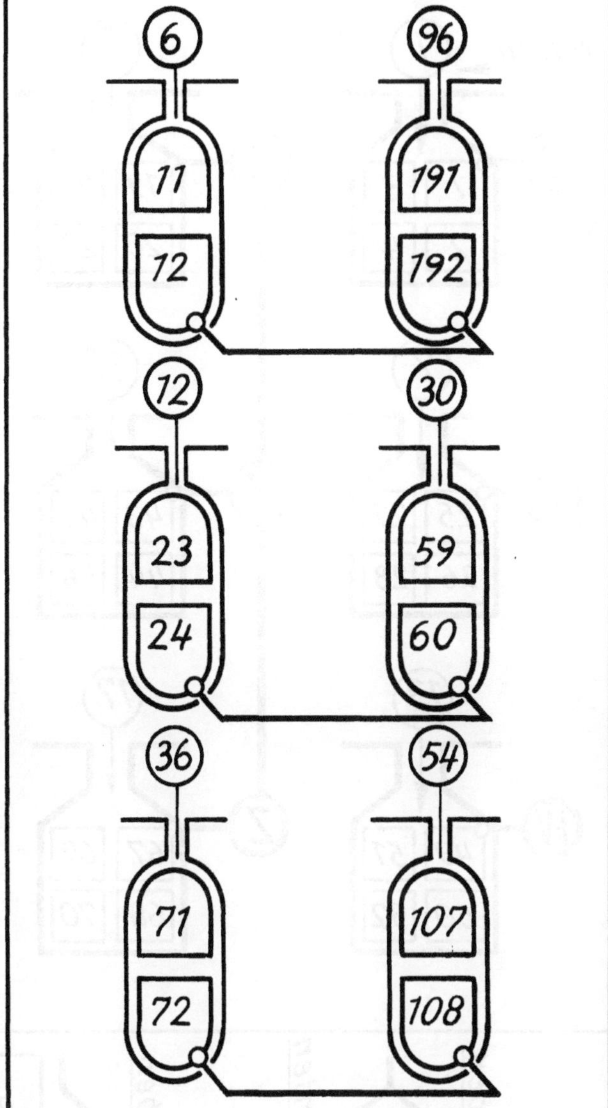

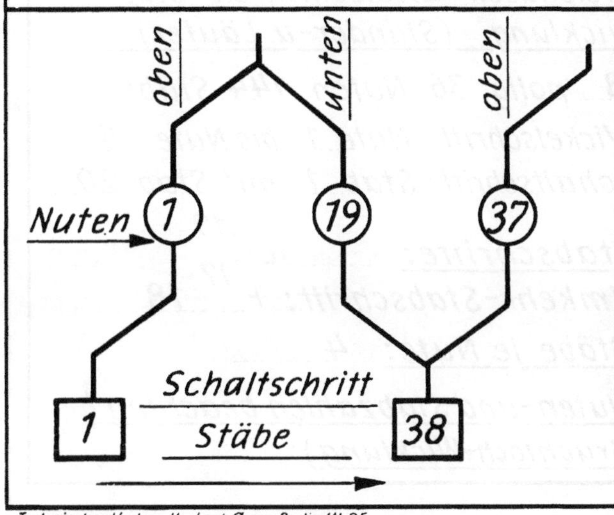

Dreiphasen-Stabwicklung

6 polig 108 Nuten

Wickelschritt: Nute 1 – 19

Schaltschritt Stab: 1 – 38

Technischer Verlag Herbert Cram, Berlin W. 35

Raskop: No: 68
Wicklungs-Schaltbilder

8 polig 36 Nuten
4 Stäbe / Nute —
144 Stäbe / total

Lage der Anfänge und Enden
U, V, W   X, Y, Z

Lage der Umkehrstäbe

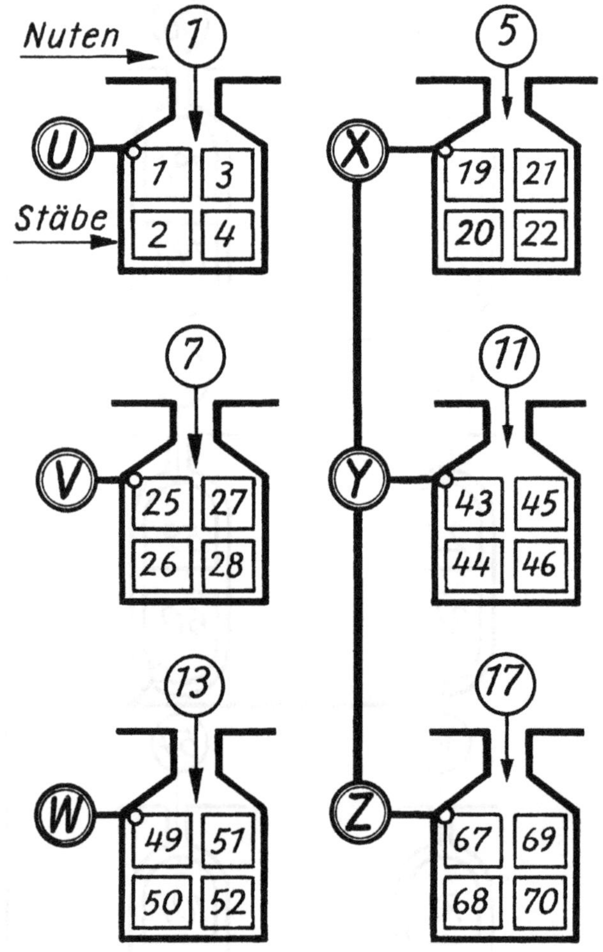

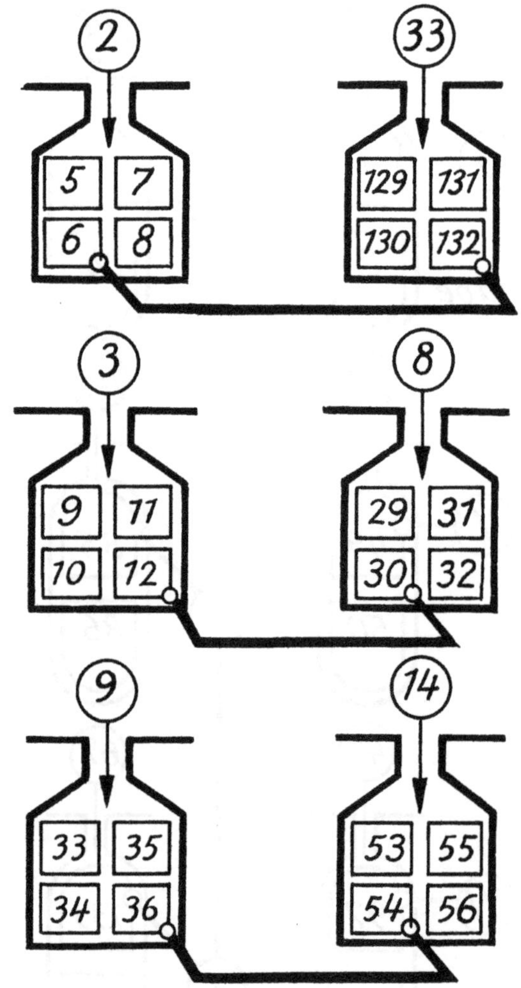

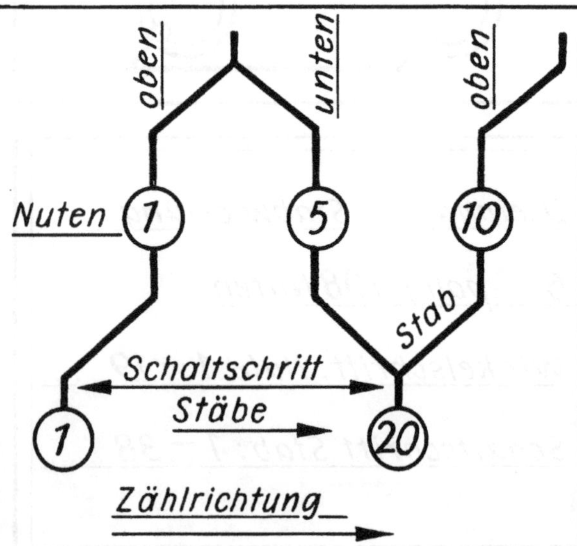

Dreiphasen-Zweischichten-Stabwicklung (Ständer- u. Läufer)

8 polig, 36 Nuten 144 Stäbe
Wickelschritt: Nute 1 bis Nute 5
Schaltschritt: Stab 1 mit Stab 20

Stabschritte: 18 < 19 / 17
Umkehr-Stabschritt: + 18
Stäbe je Nute: 4

Nuten- und Stabzahlen beachten!
(Bruchloch-Wicklung)

Technischer Verlag Herbert Cram, Berlin W. 35

Raskop
Wicklungs-Schaltbilder
No. 69

8 polig 48 Nuten
96 Stäbe

Lage der Anfänge und Enden

U, V, W. X, Y, Z

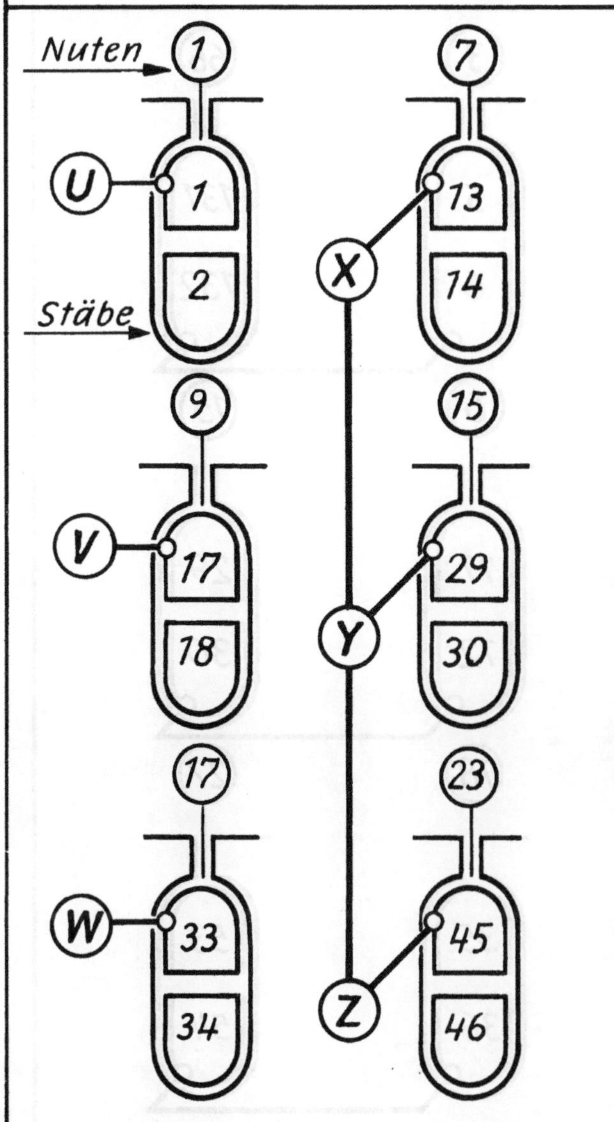

Lage der Umkehrstäbe

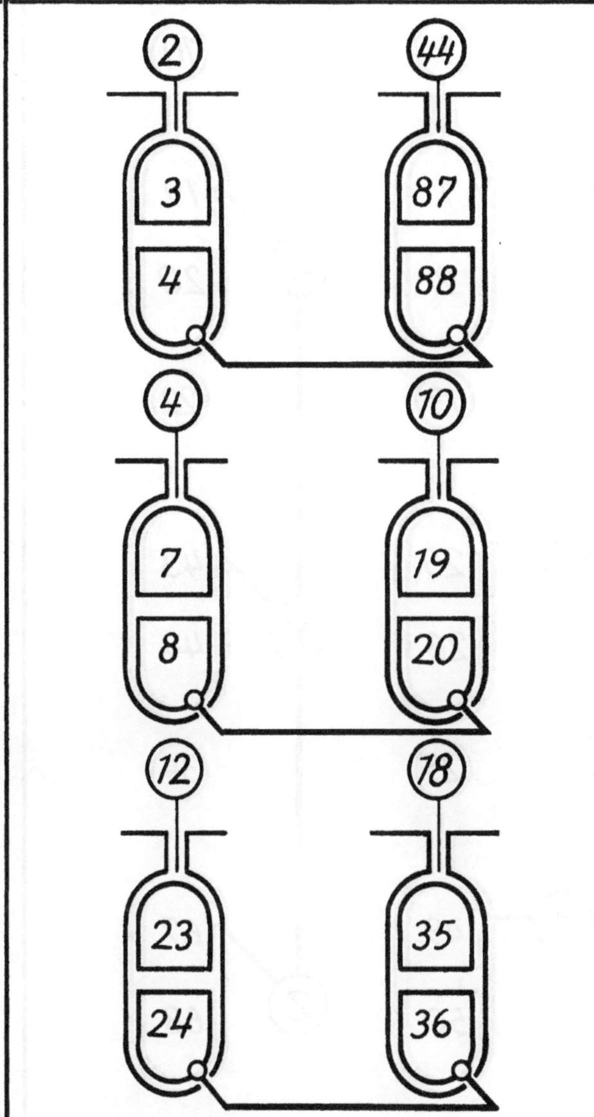

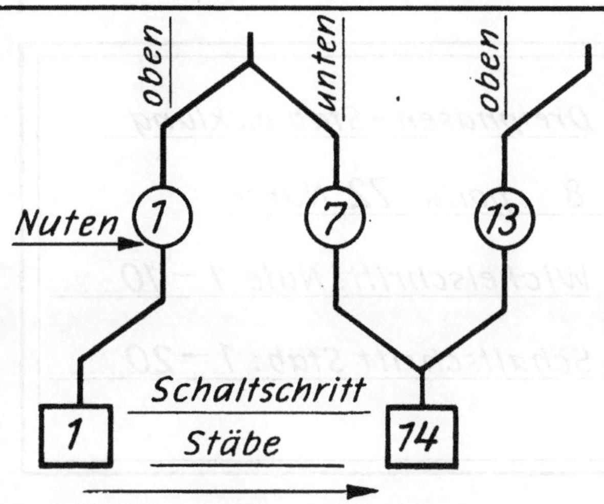

Dreiphasen-Stabwicklung

8 polig 48 Nuten

Wickelschritt: Nute 1–7

Schaltschritt Stab: 1–14

Technischer Verlag Herbert Cram, Berlin W. 35

Raskop
Wicklungs-Schaltbilder
No. 70

8 polig 72 Nuten
144 Stäbe

Lage der Anfänge und Enden

U, V, W. X, Y, Z

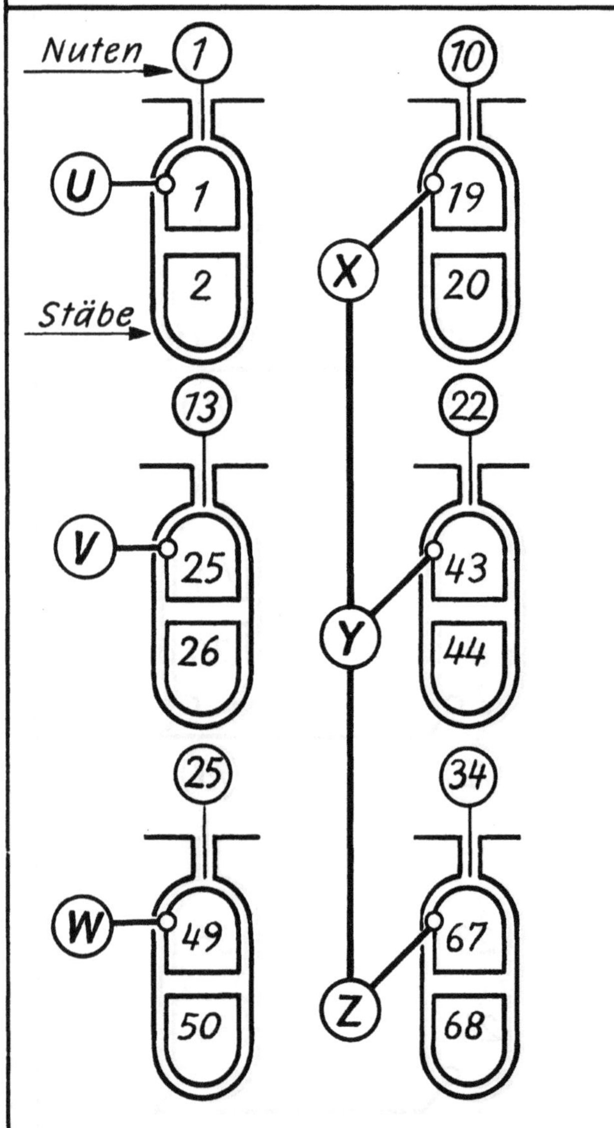

Lage der Umkehrstäbe

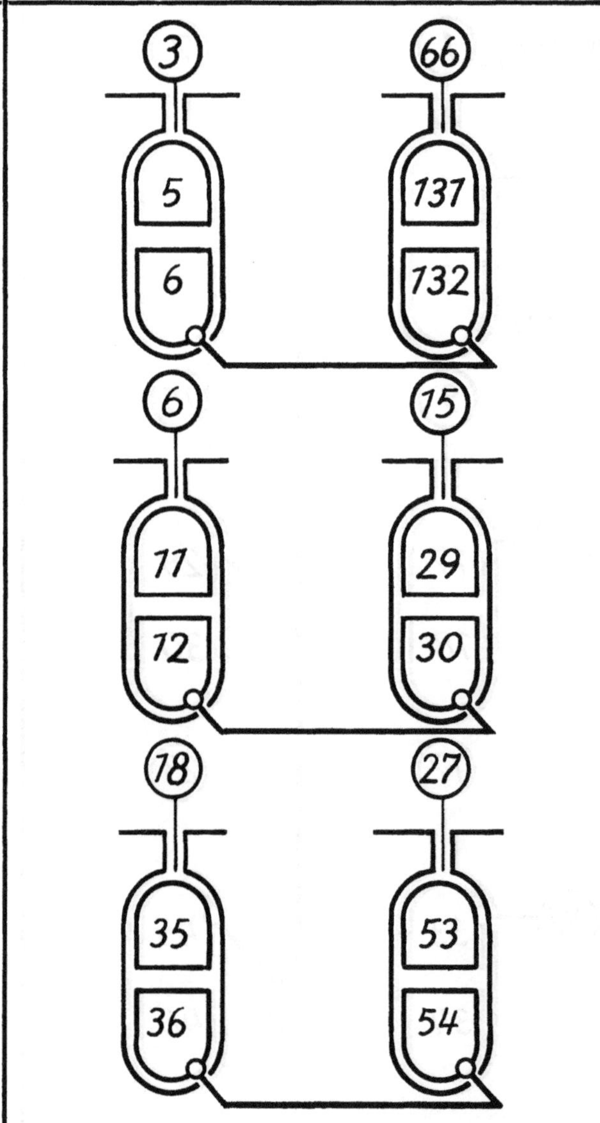

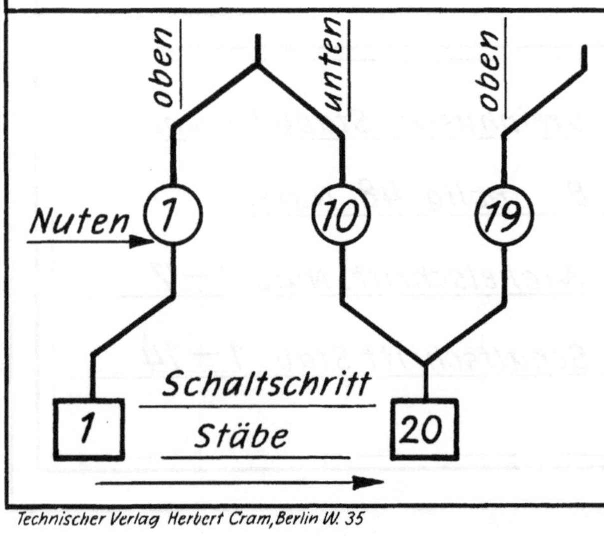

Dreiphasen-Stabwicklung

8 polig 72 Nuten

Wickelschritt: Nute 1 — 10

Schaltschritt Stab: 1 — 20

Technischer Verlag Herbert Cram, Berlin W. 35

Raskop
Wicklungs-Schaltbilder
No. 71

8 polig 96 Nuten
192 Stäbe

Lage der Anfänge und Enden

U, V, W. X, Y, Z

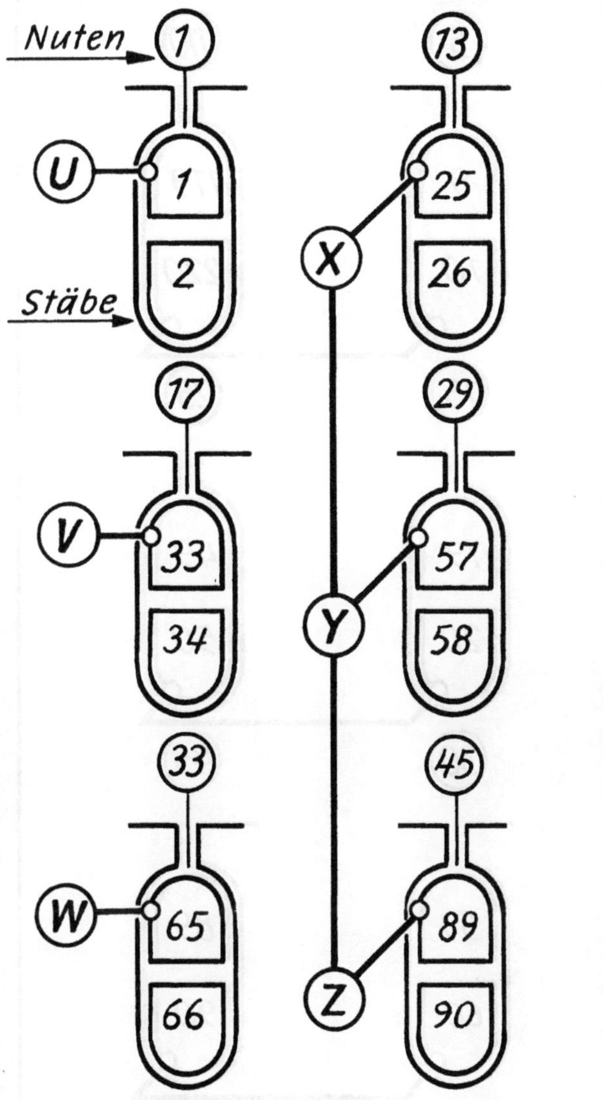

Lage der Umkehrstäbe

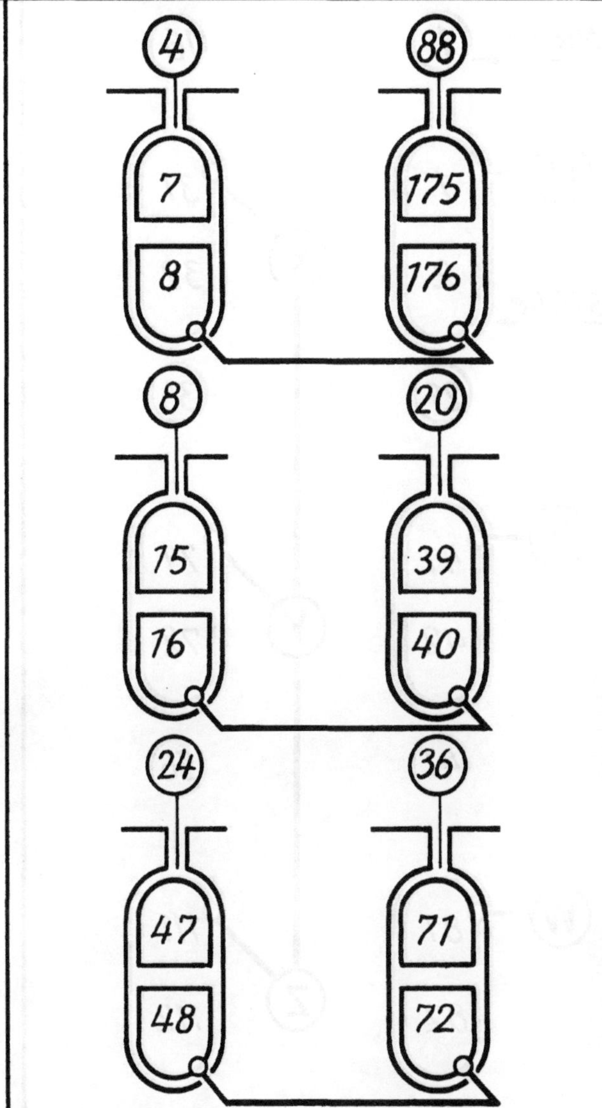

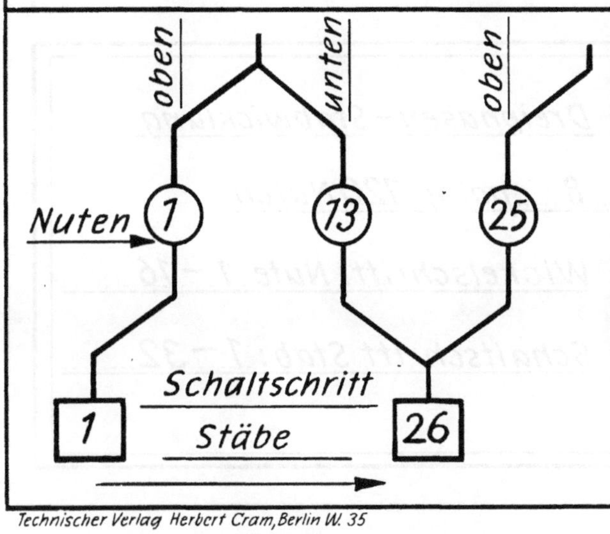

Dreiphasen-Stabwicklung

8 polig 96 Nuten

Wickelschritt: Nute 1 – 13

Schaltschritt Stab: 1 – 26

Technischer Verlag Herbert Cram, Berlin W. 35

Raskop
Wicklungs-Schaltbilder
No. 72

8 polig 120 Nuten
240 Stäbe

Lage der Anfänge und Enden

U, V, W. X, Y, Z

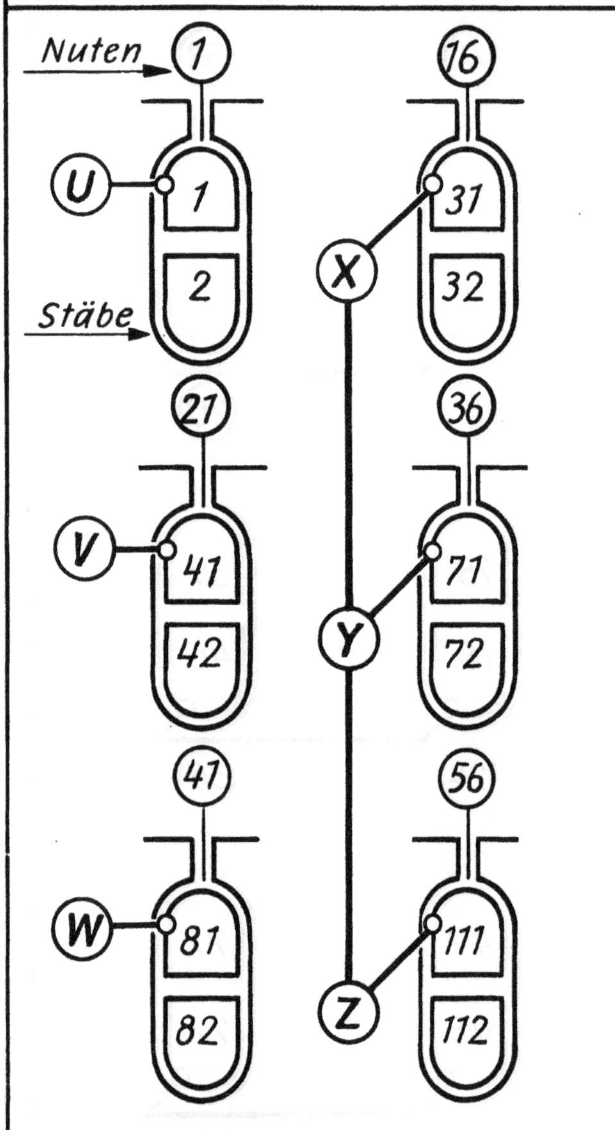

Lage der Umkehrstäbe

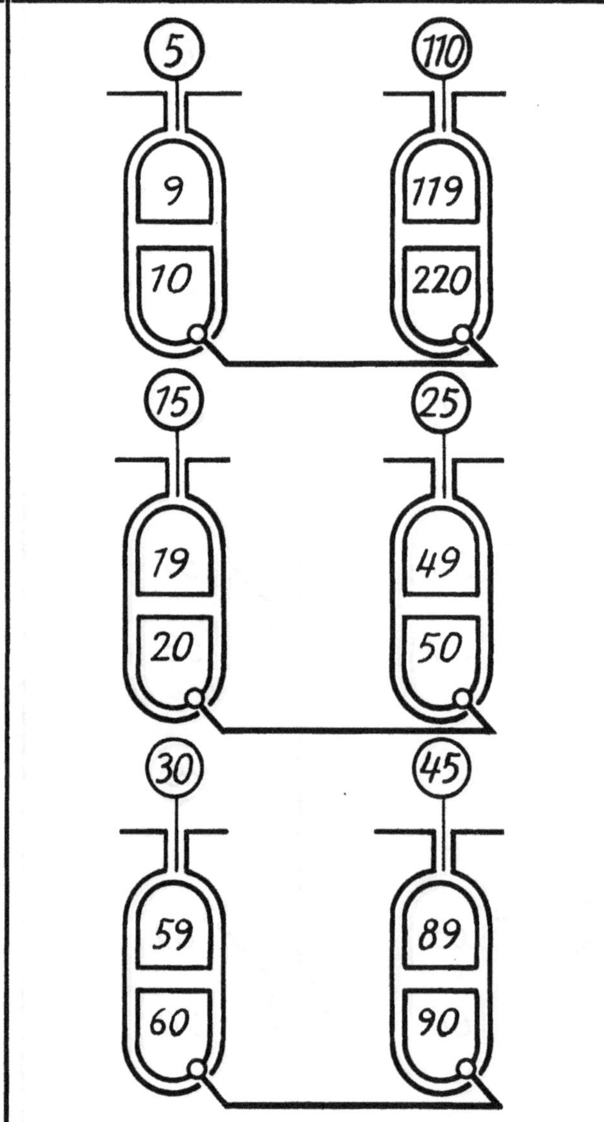

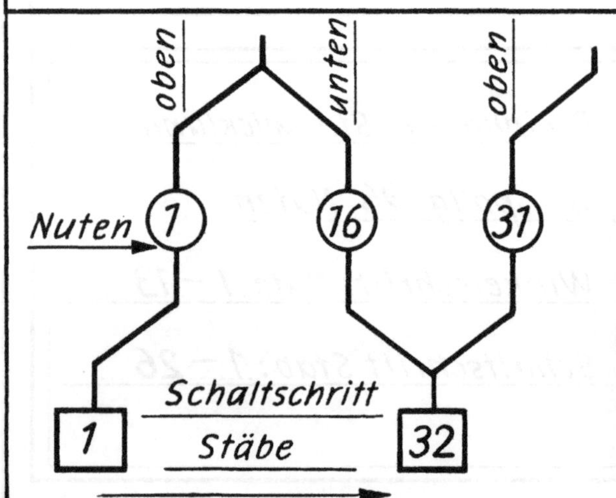

Dreiphasen-Stabwicklung

8 polig 120 Nuten

Wickelschritt: Nute 1 – 16

Schaltschritt Stab: 1 – 32

Technischer Verlag Herbert Cram, Berlin W. 35

Raskop
Wicklungs-Schaltbilder
No. 73

10 polig 60 Nuten
120 Stäbe

Lage der Anfänge und Enden
U, V, W. X, Y, Z

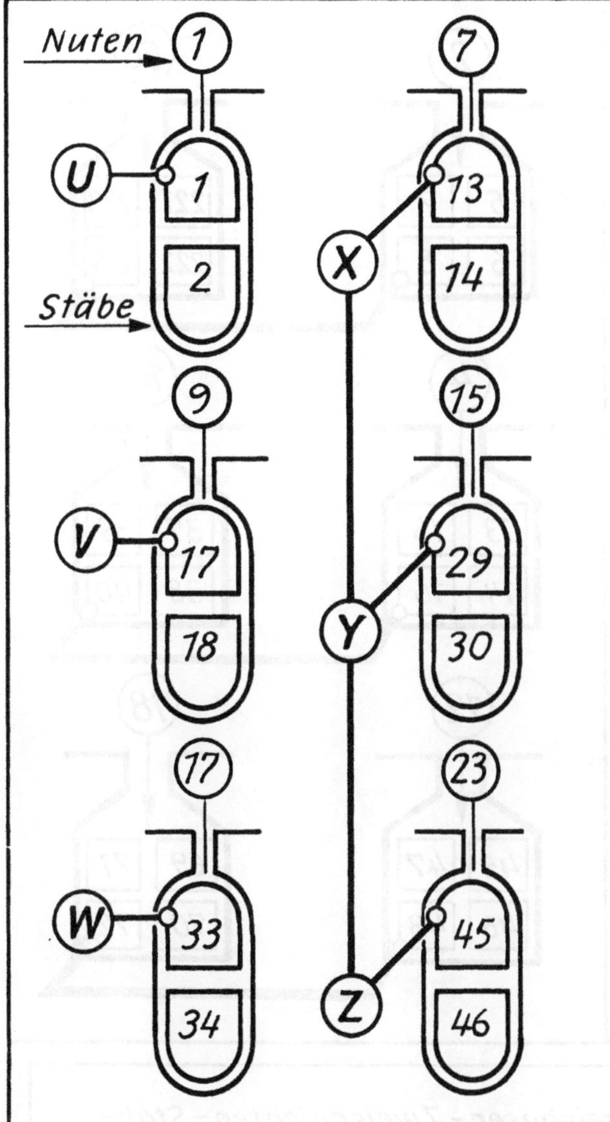

Lage der Umkehrstäbe

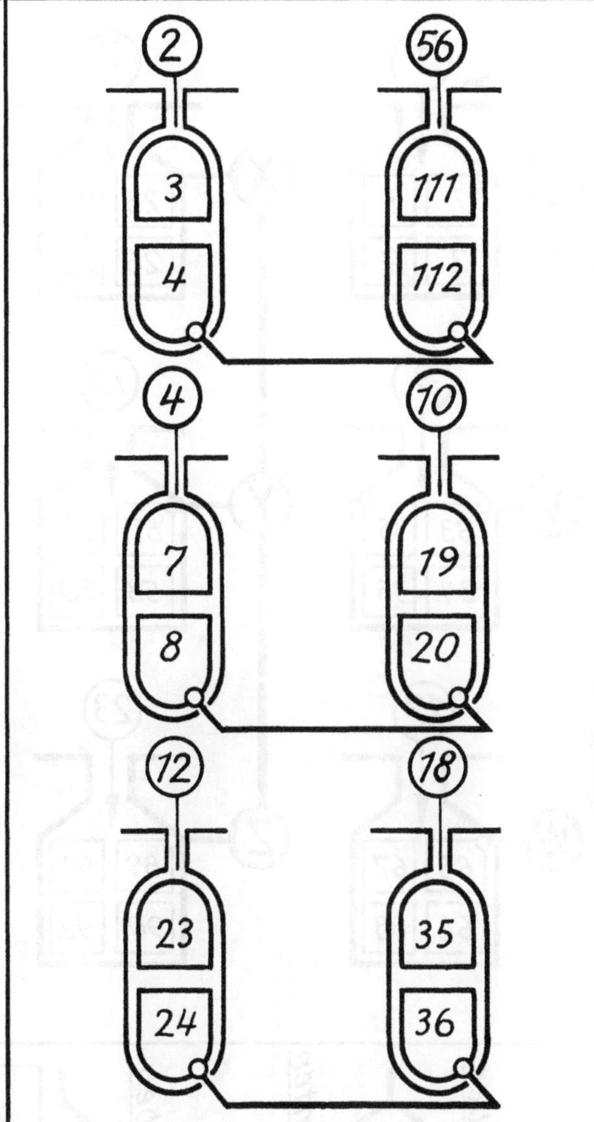

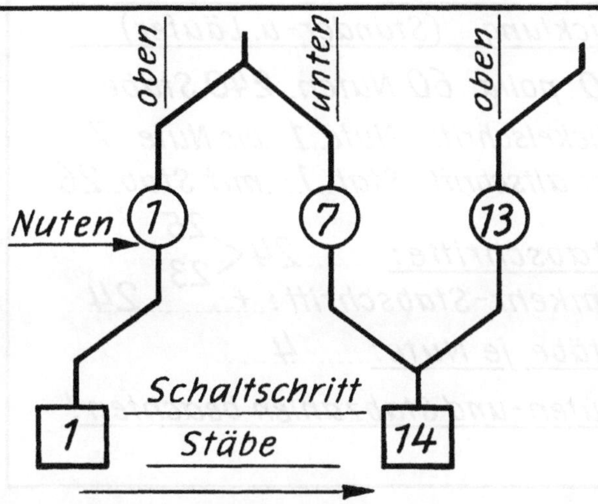

Dreiphasen-Stabwicklung

10 polig 60 Nuten

Wickelschritt: Nute 1 – 7

Schaltschritt Stab: 1 – 14

Technischer Verlag Herbert Cram, Berlin W. 35

Raskop: No: 74
Wicklungs-Schaltbilder

10 polig 60 Nuten
4 Stäbe / Nute
240 Stäbe / total

Lage der Anfänge und Enden
U, V, W X, Y, Z

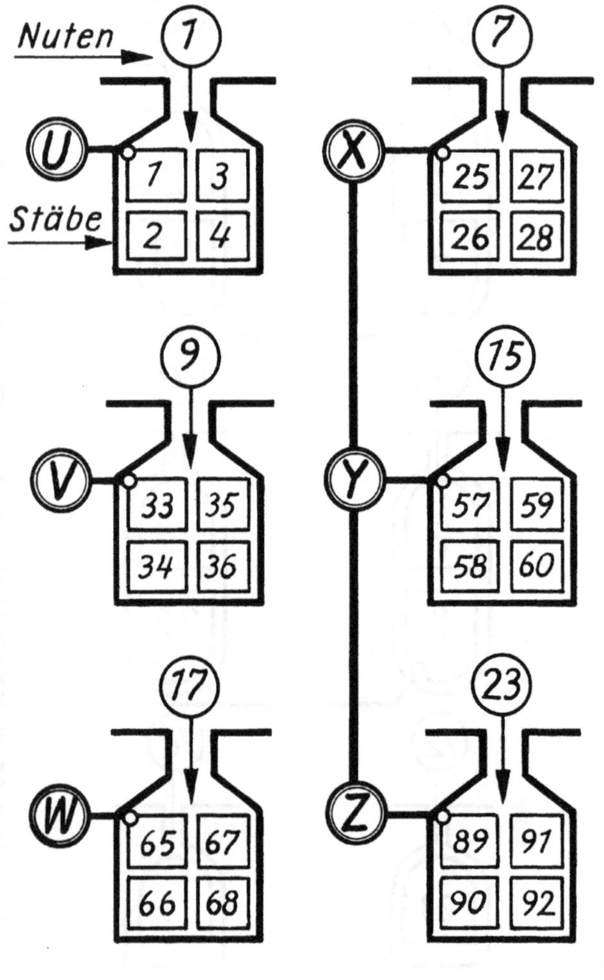

Lage der Umkehrstäbe

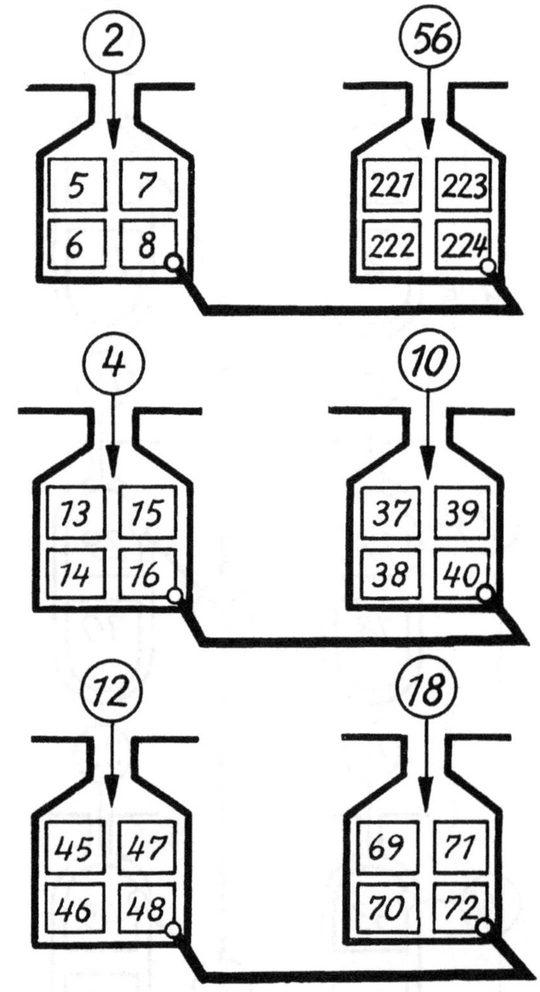

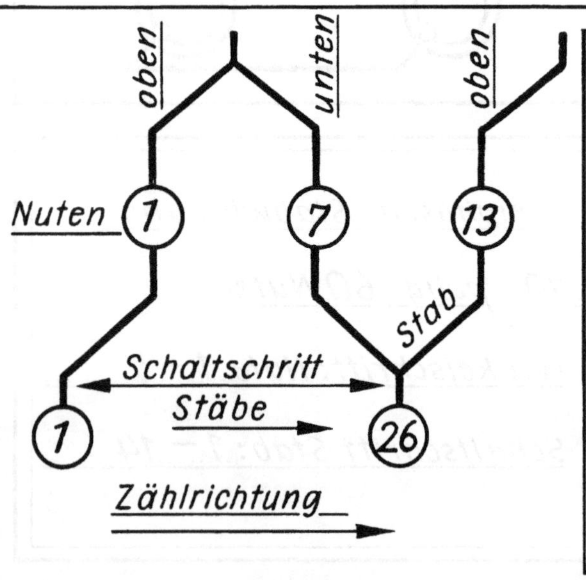

Dreiphasen-Zweischichten-Stabwicklung (Ständer- u. Läufer)

10 polig, 60 Nuten 240 Stäbe
Wickelschritt: Nute 1 bis Nute 7
Schaltschritt: Stab 1 mit Stab 26

Stabschritte: 24 < 25 / 23
Umkehr-Stabschritt: + 24
Stäbe je Nute: 4

Nuten- und Stabzahlen beachten!

Technischer Verlag Herbert Cram, Berlin W. 35

Raskop
Wicklungs-Schaltbilder
No. 75

10 polig 90 Nuten
180 Stäbe

Lage der Anfänge und Enden	Lage der Umkehrstäbe
U, V, W. X, Y, Z	

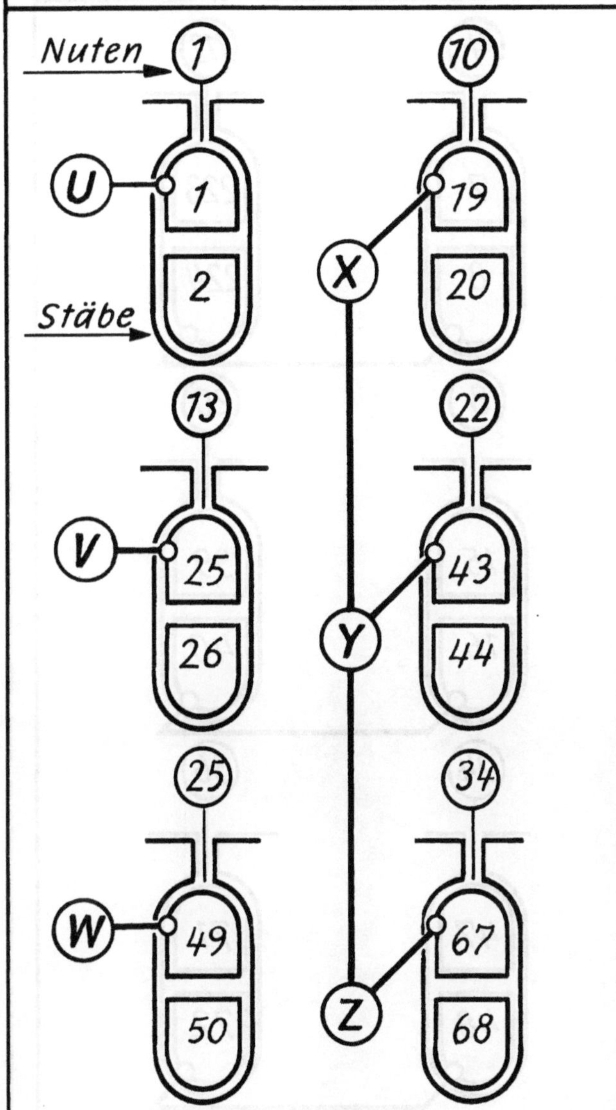

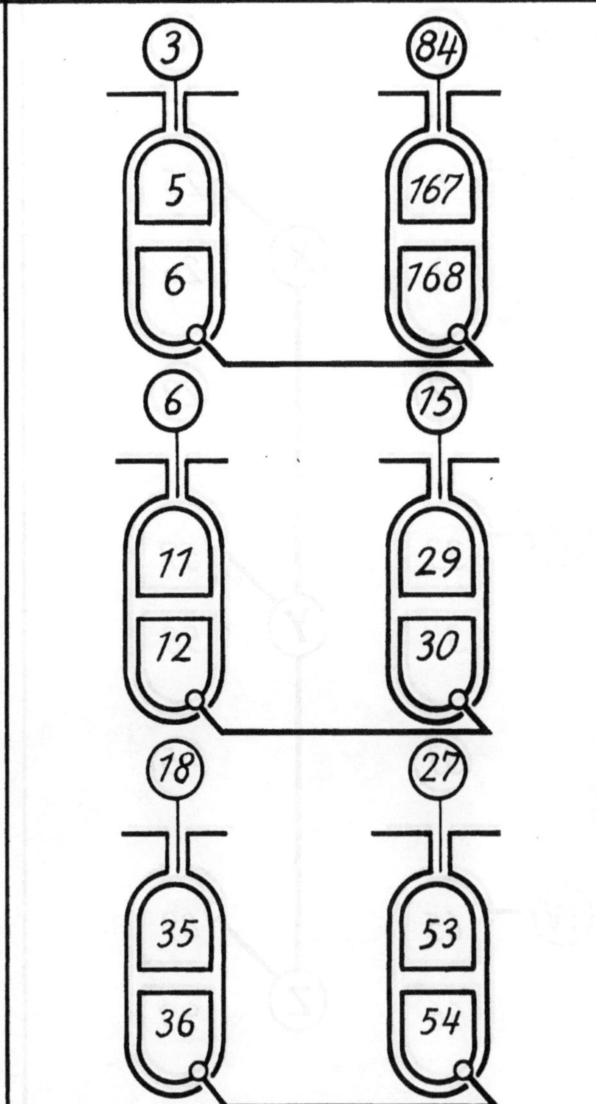

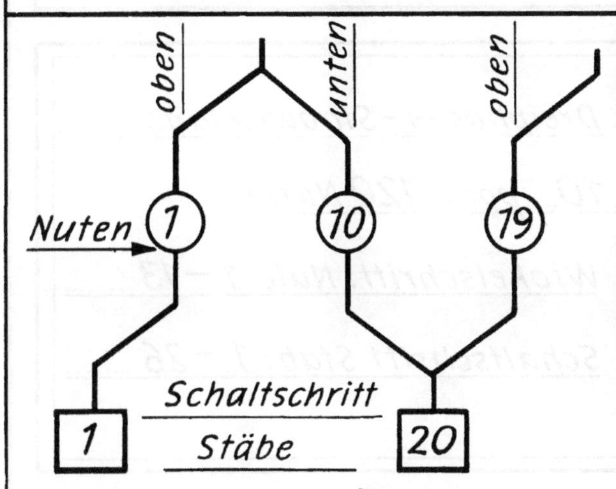

Dreiphasen-Stabwicklung

10 polig 90 Nuten

Wickelschritt: Nute 1 – 10

Schaltschritt Stab: 1 – 20

Technischer Verlag Herbert Cram, Berlin W. 35

Raskop
Wicklungs-Schaltbilder
No. 76

10 polig 120 Nuten
240 Stäbe

Lage der Anfänge und Enden U, V, W. X, Y, Z	Lage der Umkehrstäbe

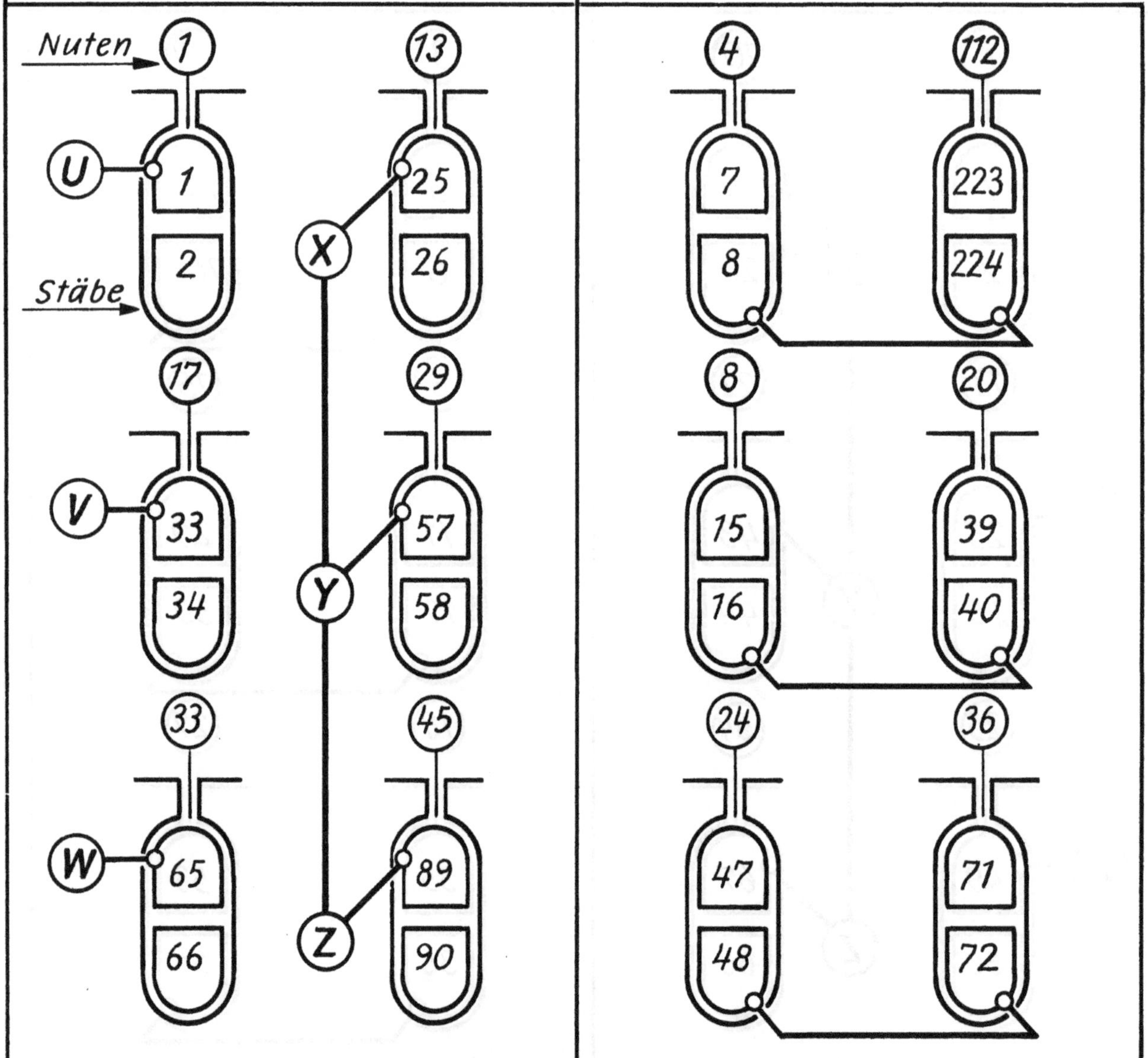

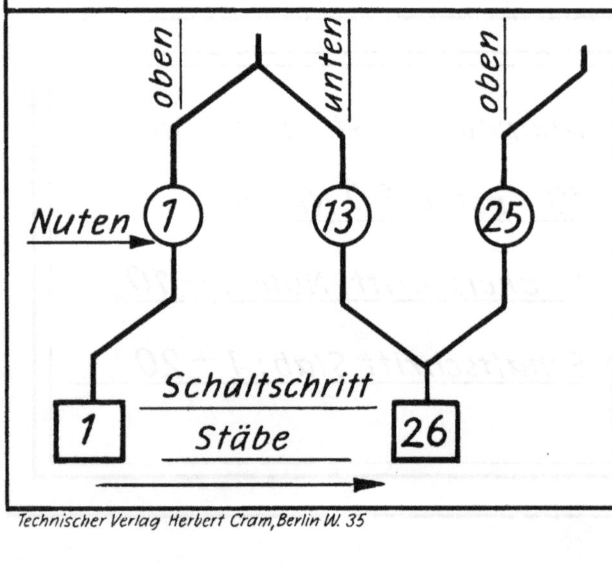

Dreiphasen-Stabwicklung

10 polig 120 Nuten

Wickelschritt: Nute 1—13

Schaltschritt Stab: 1—26

Technischer Verlag Herbert Cram, Berlin W. 35

Raskop
Wicklungs-Schaltbilder
No. ....

.... polig,
.... Nuten, ... Stäbe
.... Stäbe/Nute

Lage der Anfänge u. Enden U, V, W X, Y, Z	Lage der Umkehrstäbe

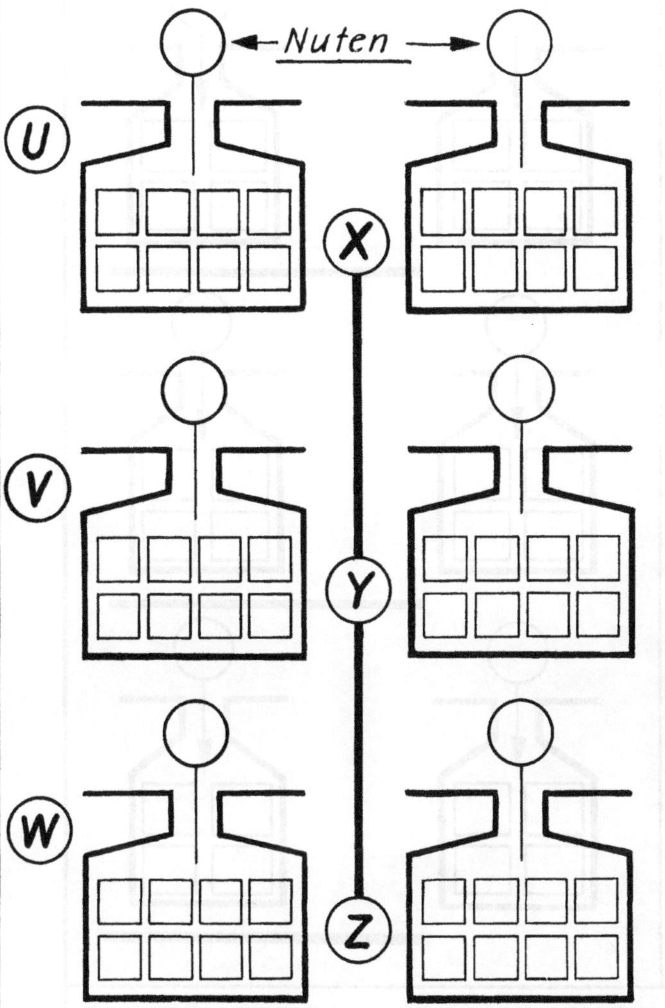

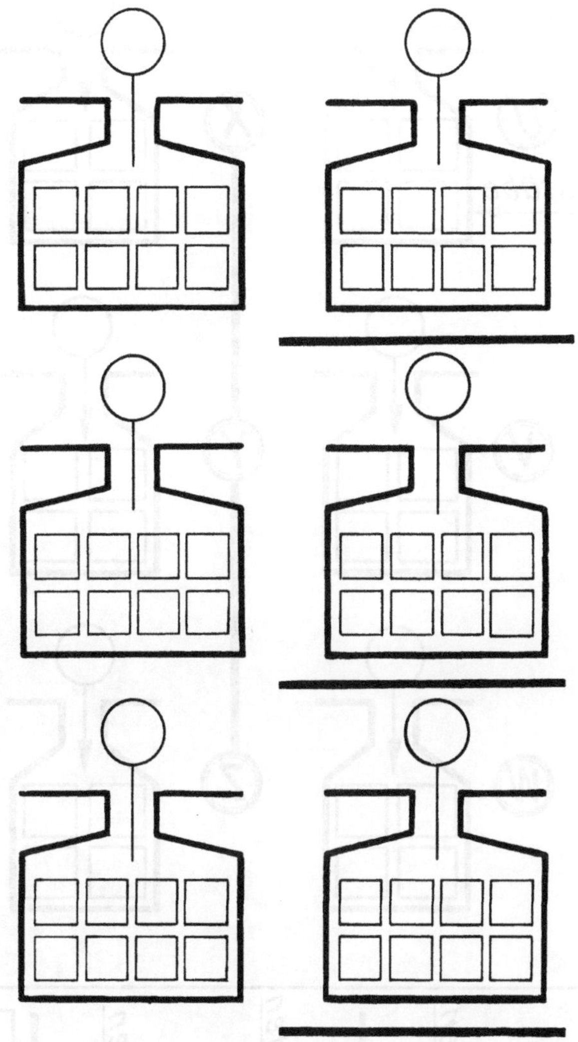

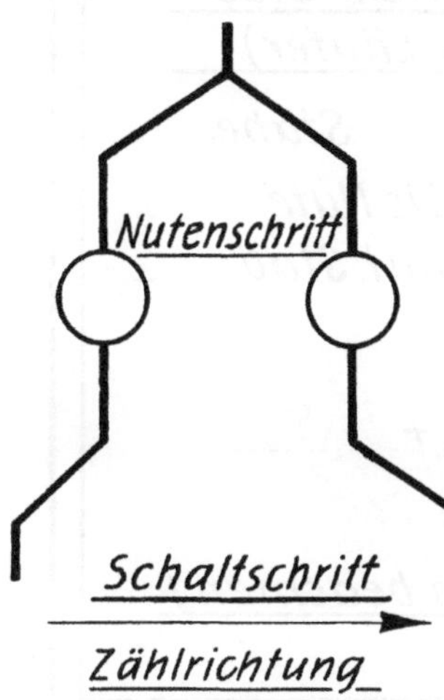

Dreiphasen-Zweischichten-Stabwicklung

.... polig, Nuten, Stäbe

Wickelschritt: Nute ....

Schaltschritt: Stab ....

U:	Nute	l.o.	X:	Nute	l.o.
V:	"	" "	Y:	"	" "
W:	"	" "	Z:	"	" "

Technischer Verlag Herbert Cram, Berlin W.35

Raskop: No:............

Wicklungs-Schaltbilder

........polig........Nuten
........Stäbe / Nute
........Stäbe / total

Lage der Anfänge und Enden

U, V, W   X, Y, Z

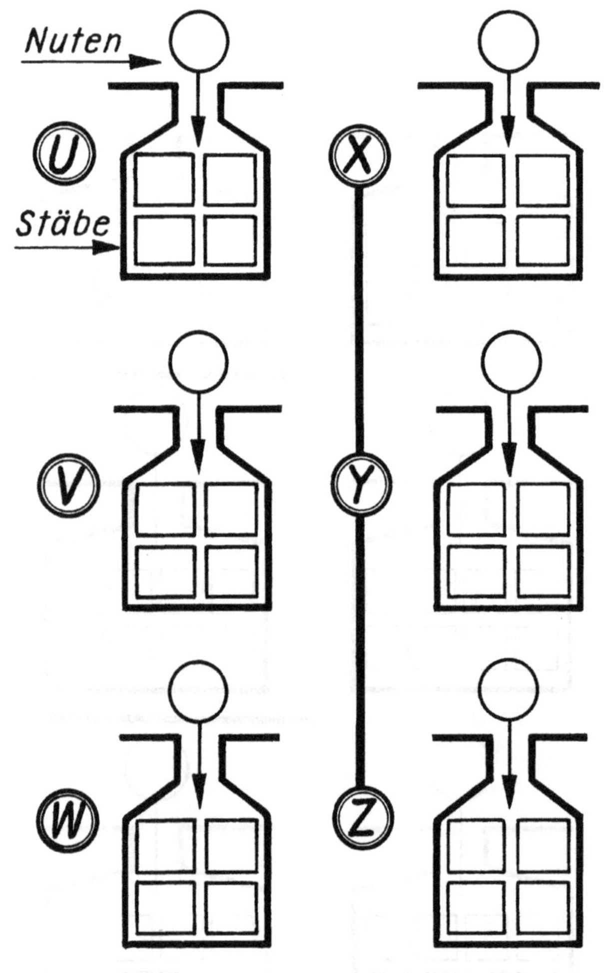

Lage der Umkehrstäbe

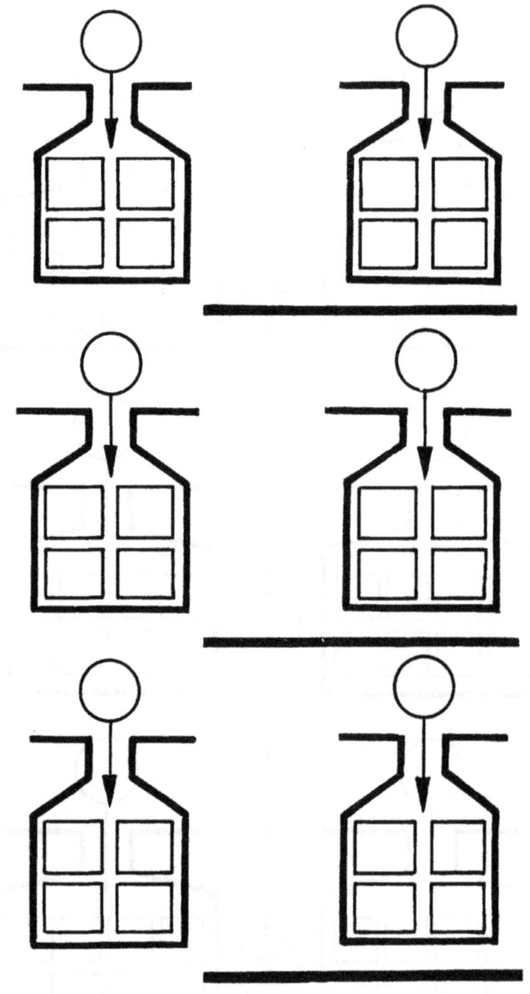

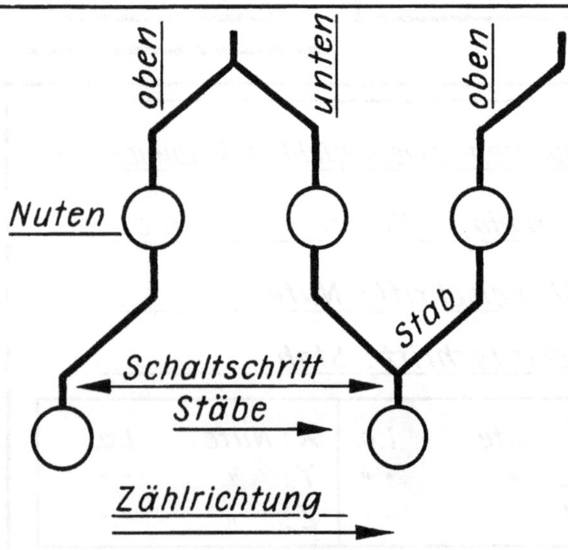

Dreiphasen-Zweischichten-Stabwicklung (Ständer- u. Läufer)

........polig, ...Nuten ....Stäbe

Wickelschritt: Nute........bis Nute............

Schaltschritt: Stab........mit Stab............

Stabschritte:............

Umkehr-Stabschritt: +............

Stäbe je Nute:............

Nuten- und Stabzahlen beachten!

Technischer Verlag Herbert Cram, Berlin W. 35

Raskop
Wicklungs-Schaltbilder
No. ....

.... polig .... Nuten
.... Stäbe

Lage der Anfänge und Enden

U, V, W. X, Y, Z

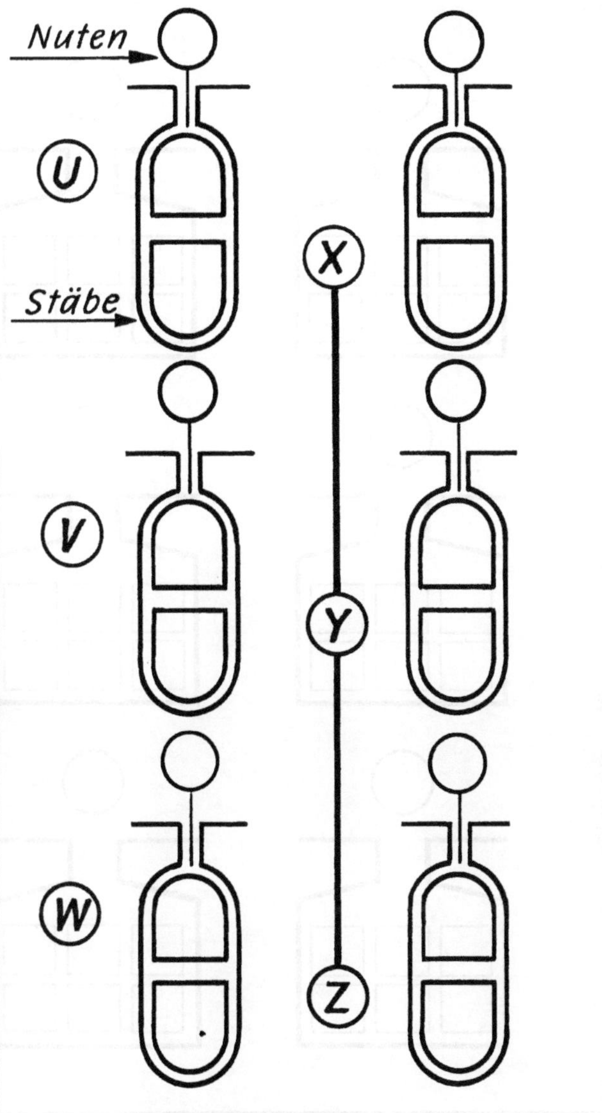

Lage der Umkehrstäbe

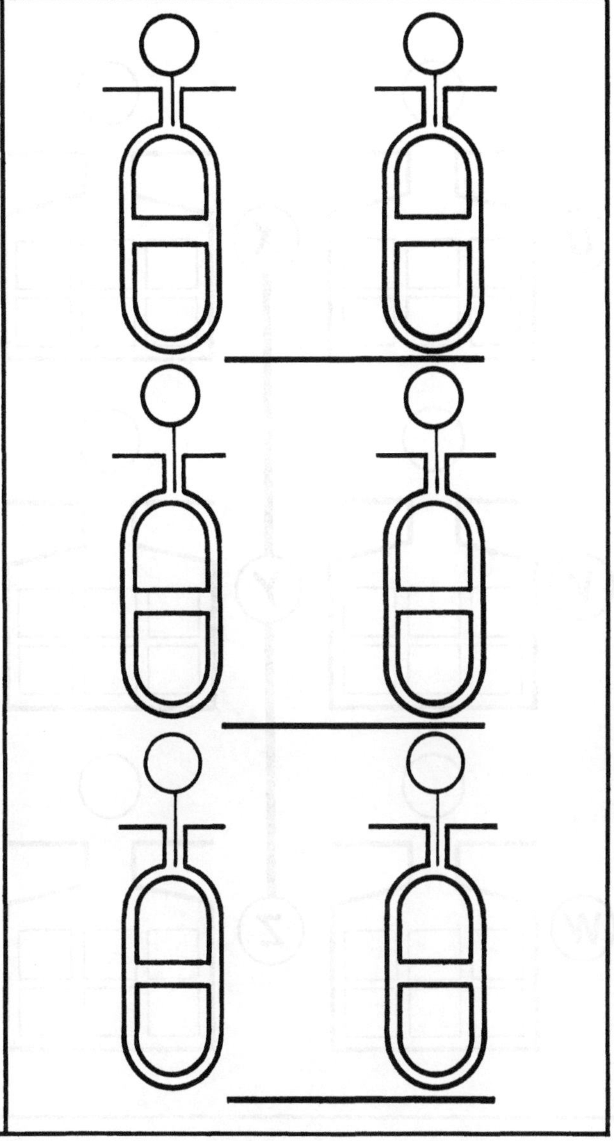

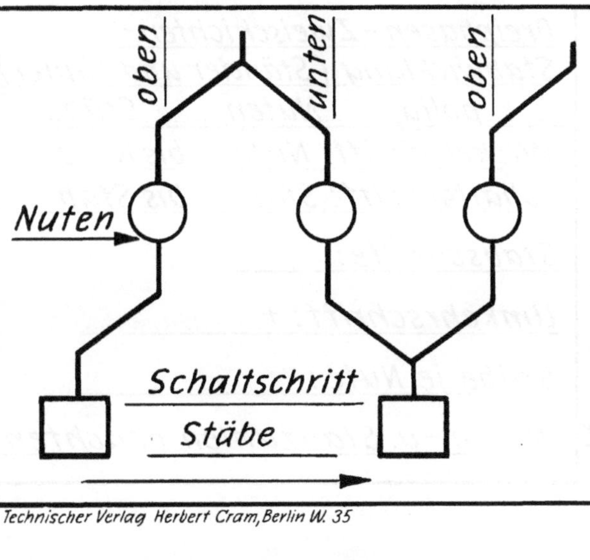

Dreiphasen-Stabwicklung

.... polig .... Nuten

Wickelschritt: Nute ....

Schaltschritt Stab: ....

Technischer Verlag Herbert Cram, Berlin W. 35

Raskop No. ________
Wicklungs-Schaltbilder

____ polig, ____ Nuten
____ Stäbe/Nute: ____
____ Stäbe/total: ____

Lage der Anfänge und Enden U, V, W X, Y, Z	Lage der Umkehrstäbe

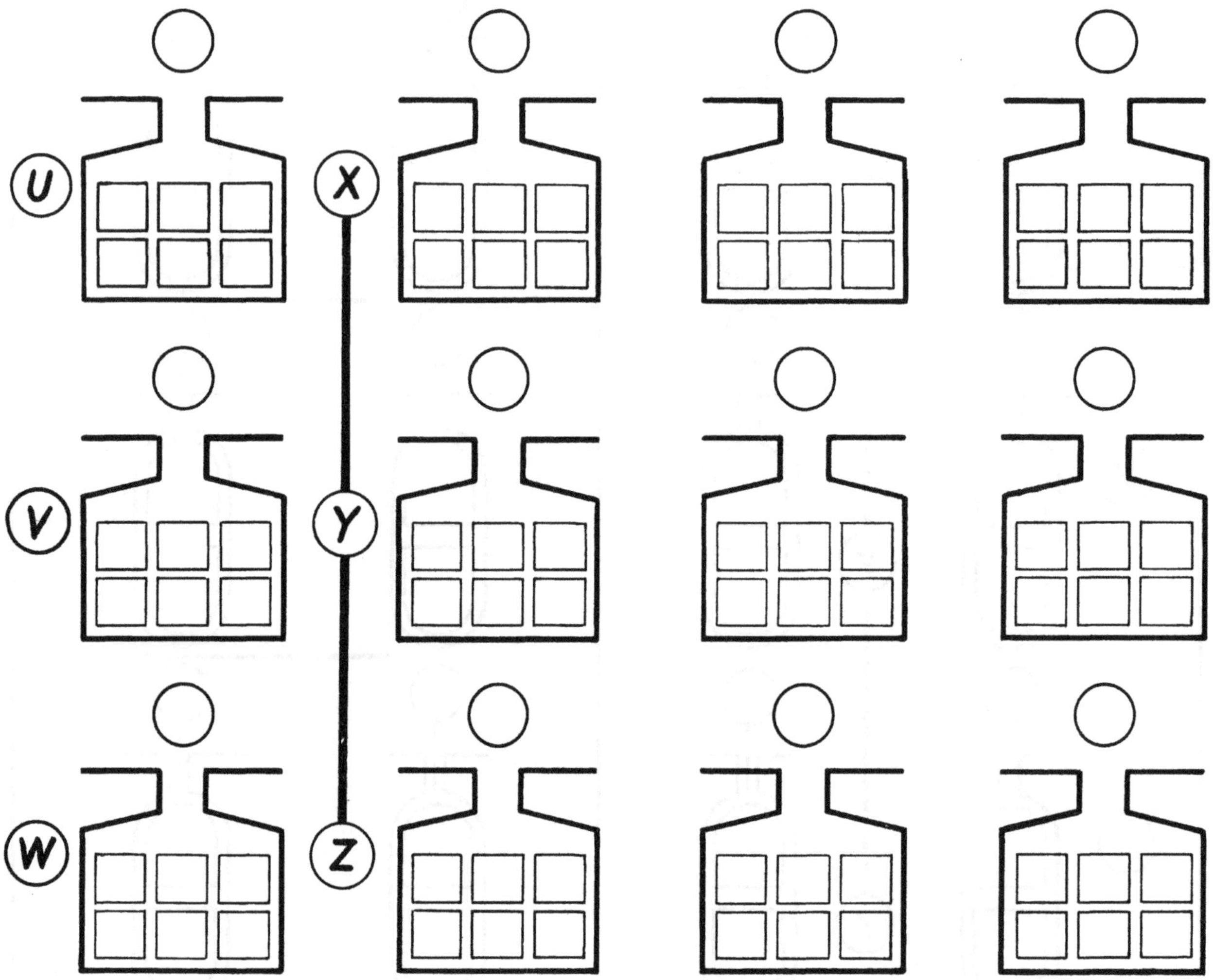

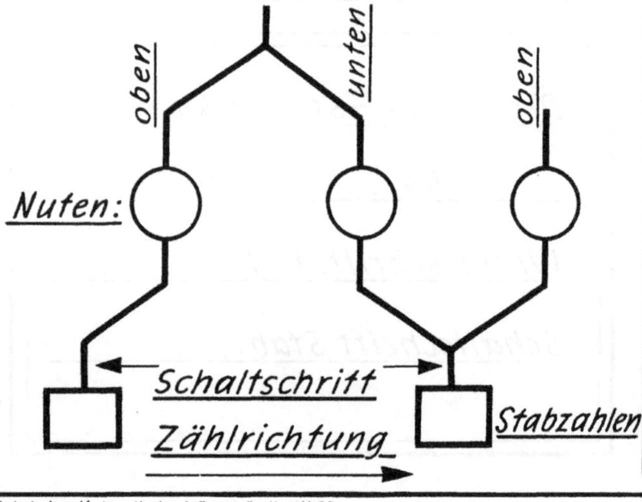

Dreiphasen-Zweischichten-
Stabwicklung (Ständer und Läufer)
____ polig, ____ Nuten, ____ Stäbe
Wickelschritt: Nute ____ bis Nute ____
Schaltschritt: Stab ____ bis Stab ____

Stabschritte: ____

Umkehrschritt: + ____

Stäbe je Nute: ____

Nuten- u. Stabzahlen beachten!

Technischer Verlag Herbert Cram, Berlin W. 35

Raskop
Wicklungs-Schaltbilder
No. ....

.... polig,
.... Nuten, ... Stäbe
.... Stäbe/Nute

Lage der Anfänge u. Enden

U, V, W **X, Y, Z**

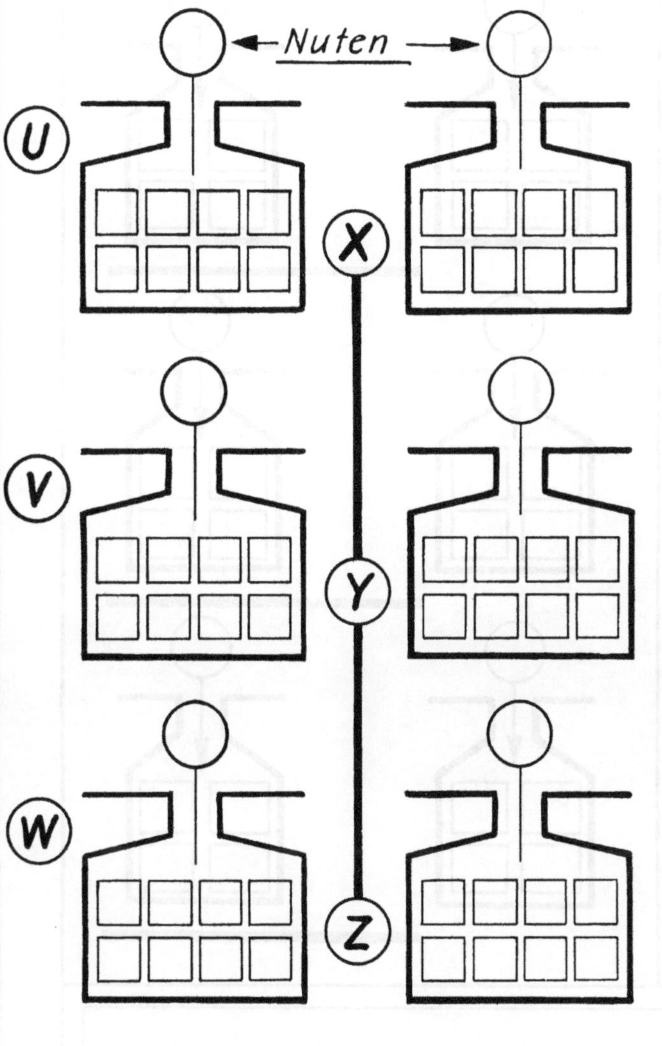

Lage der Umkehrstäbe

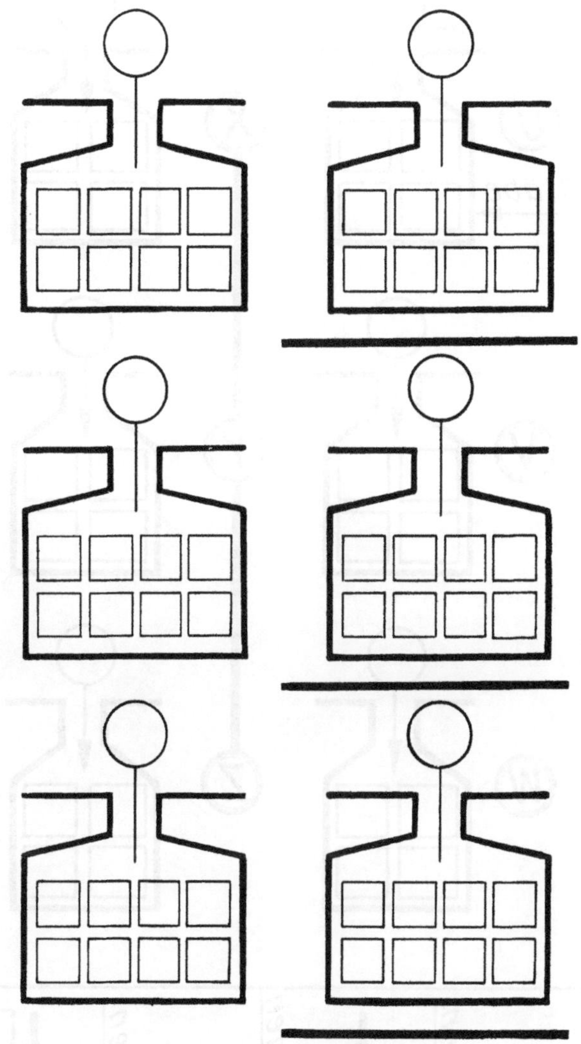

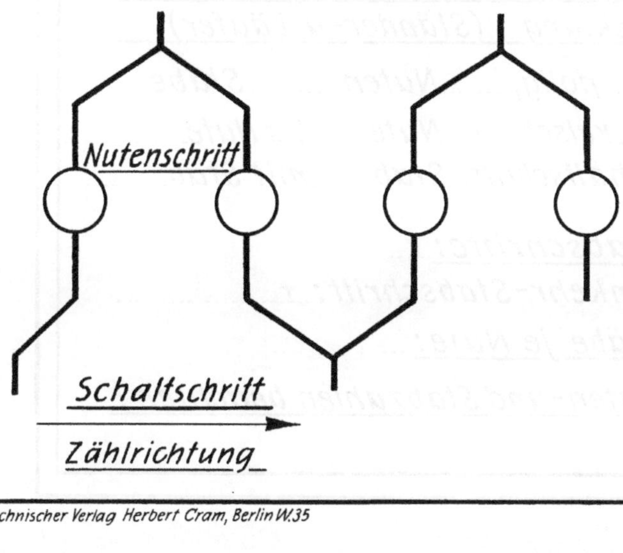

Dreiphasen-Zweischichten-Stabwicklung

.... polig, Nuten, Stäbe

Wickelschritt: Nute ....

Schaltschritt: Stab ....

U: Nute	l.o.		X: Nute	l.o.
V: "	" "		Y: "	" "
W: "	" "		Z: "	" "

Technischer Verlag Herbert Cram, Berlin W.35

Raskop: No: ....

Wicklungs-Schaltbilder

...... polig ...... Nuten
...... Stäbe / Nute
...... Stäbe / total

Lage der Anfänge und Enden

U, V, W X, Y, Z

Lage der Umkehrstäbe

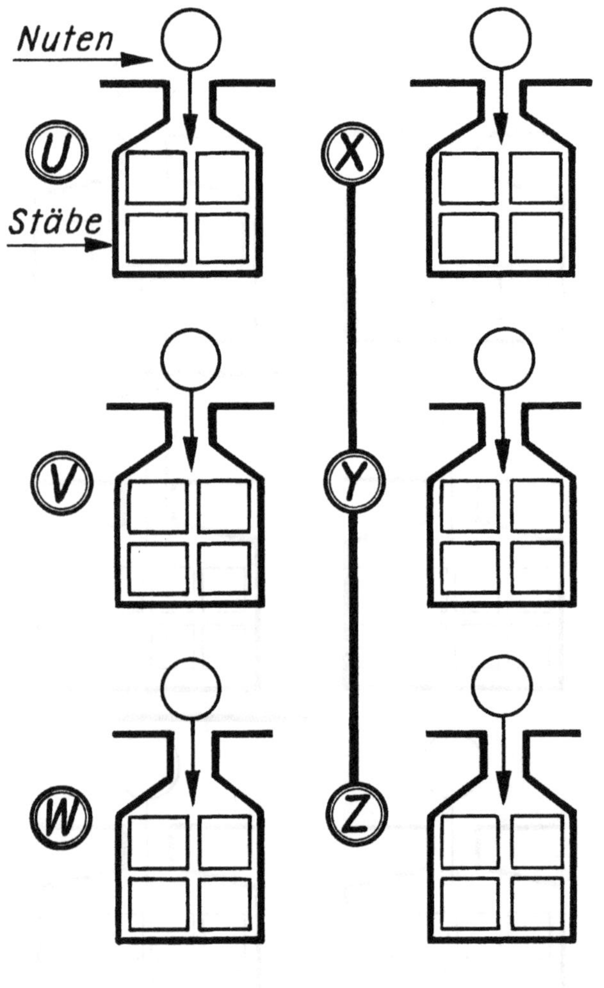

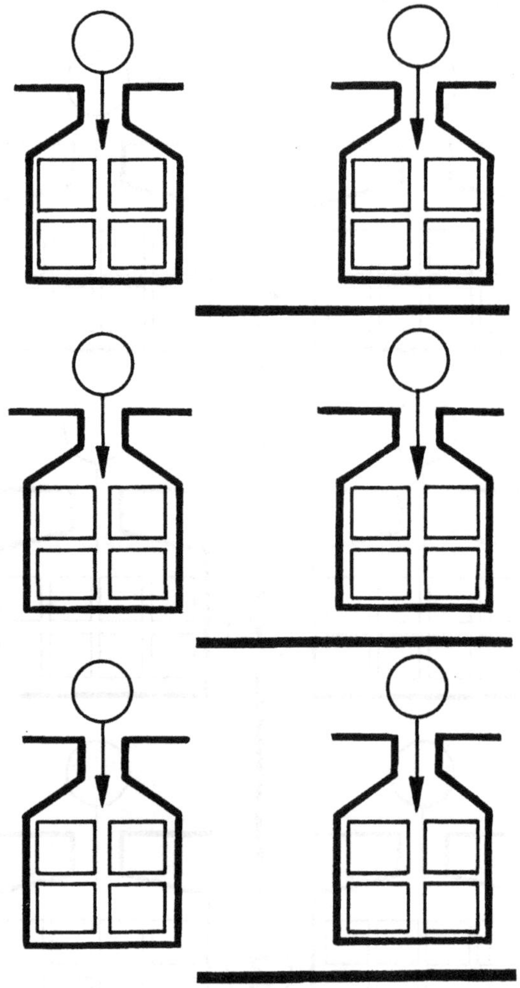

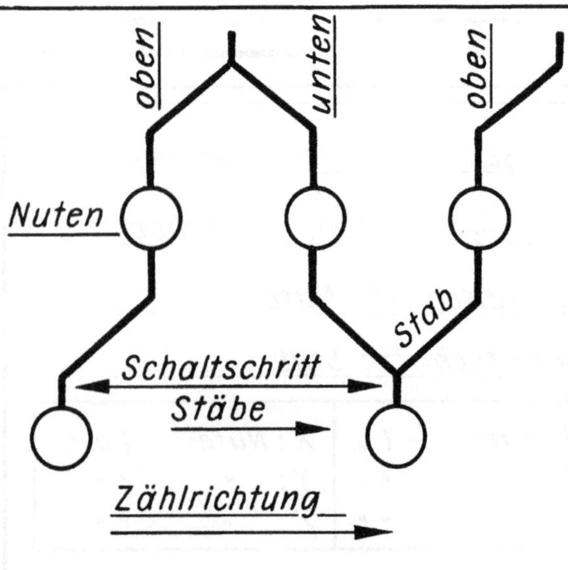

Dreiphasen-Zweischichten-Stabwicklung (Ständer- u. Läufer)

...... polig, ... Nuten ...... Stäbe

Wickelschritt: Nute ...... bis Nute ......

Schaltschritt: Stab ...... mit Stab ......

Stabschritte: ......

Umkehr-Stabschritt: + ...

Stäbe je Nute: ......

Nuten-und Stabzahlen beachten!

Technischer Verlag Herbert Cram, Berlin W. 35

Raskop
Wicklungs-Schaltbilder
No. ....

.....polig.........Nuten
...............Stäbe

Lage der Anfänge und Enden
U, V, W. X, Y, Z

Lage der Umkehrstäbe

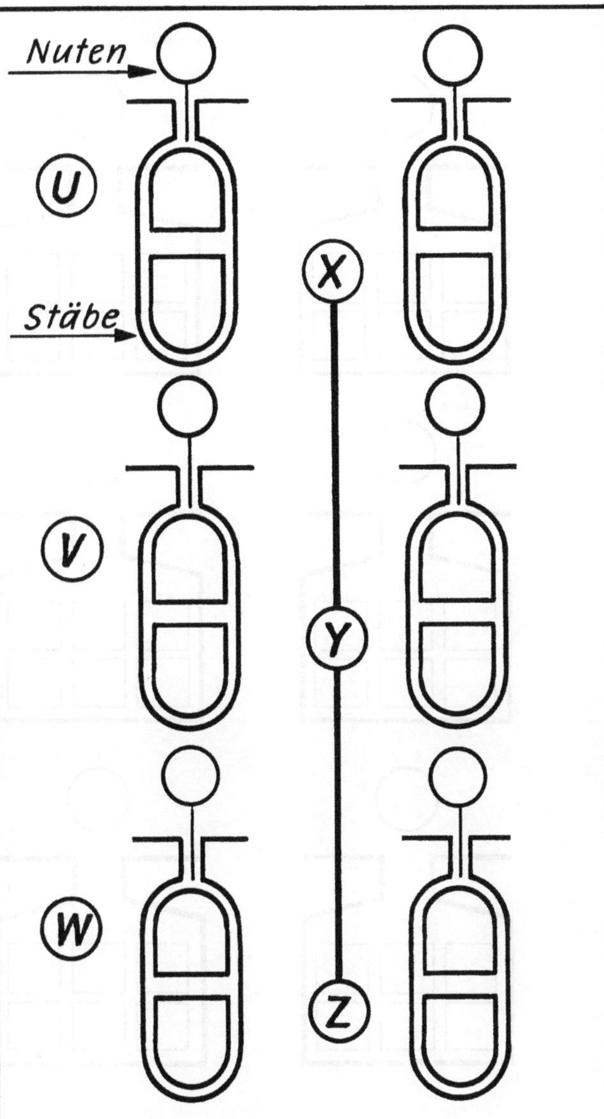

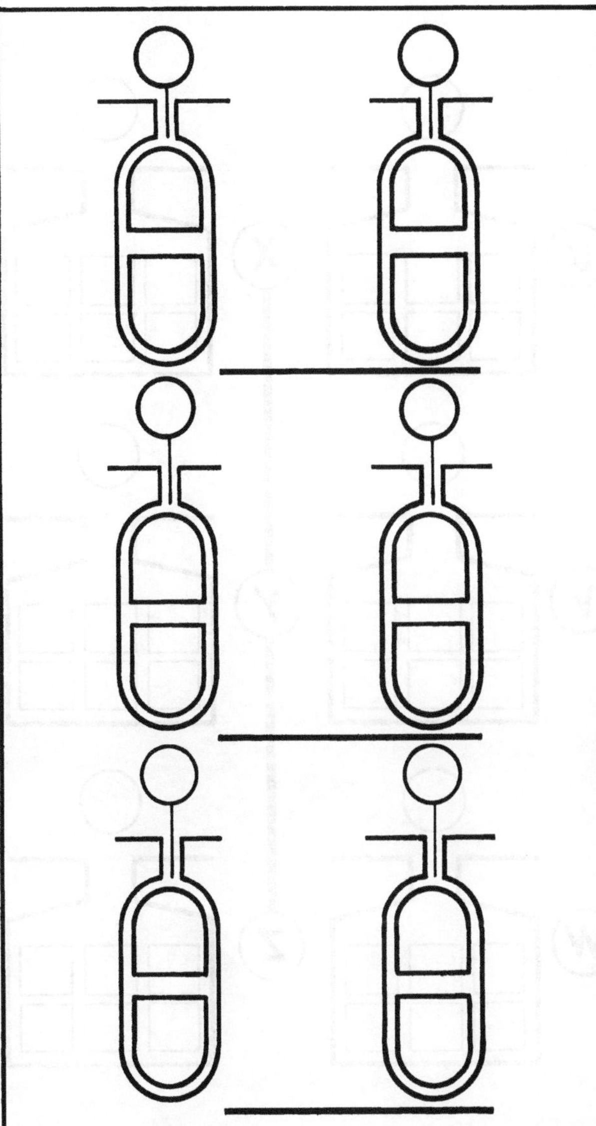

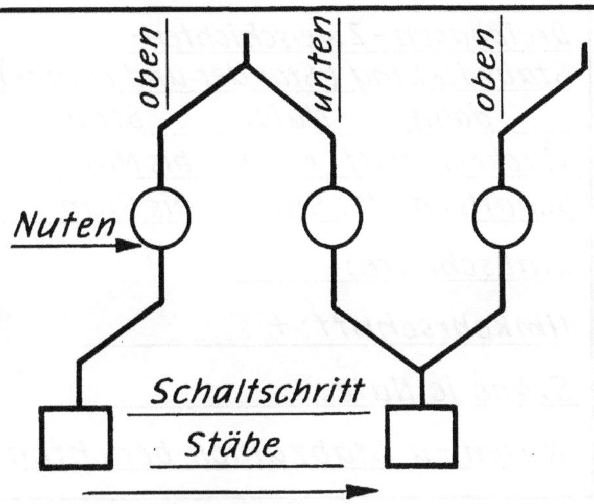

Dreiphasen-Stabwicklung

...............polig..........Nuten

Wickelschritt: Nute..................

Schaltschritt Stab:..................

Technischer Verlag Herbert Cram, Berlin W. 35

No. ....

Raskop

Wicklungs-Schaltbilder

..........polig, ...Nuten

..........Stäbe/Nute: ....

..........Stäbe/total: ....

Lage der Anfänge und Enden U, V, W X, Y, Z	Lage der Umkehrstäbe

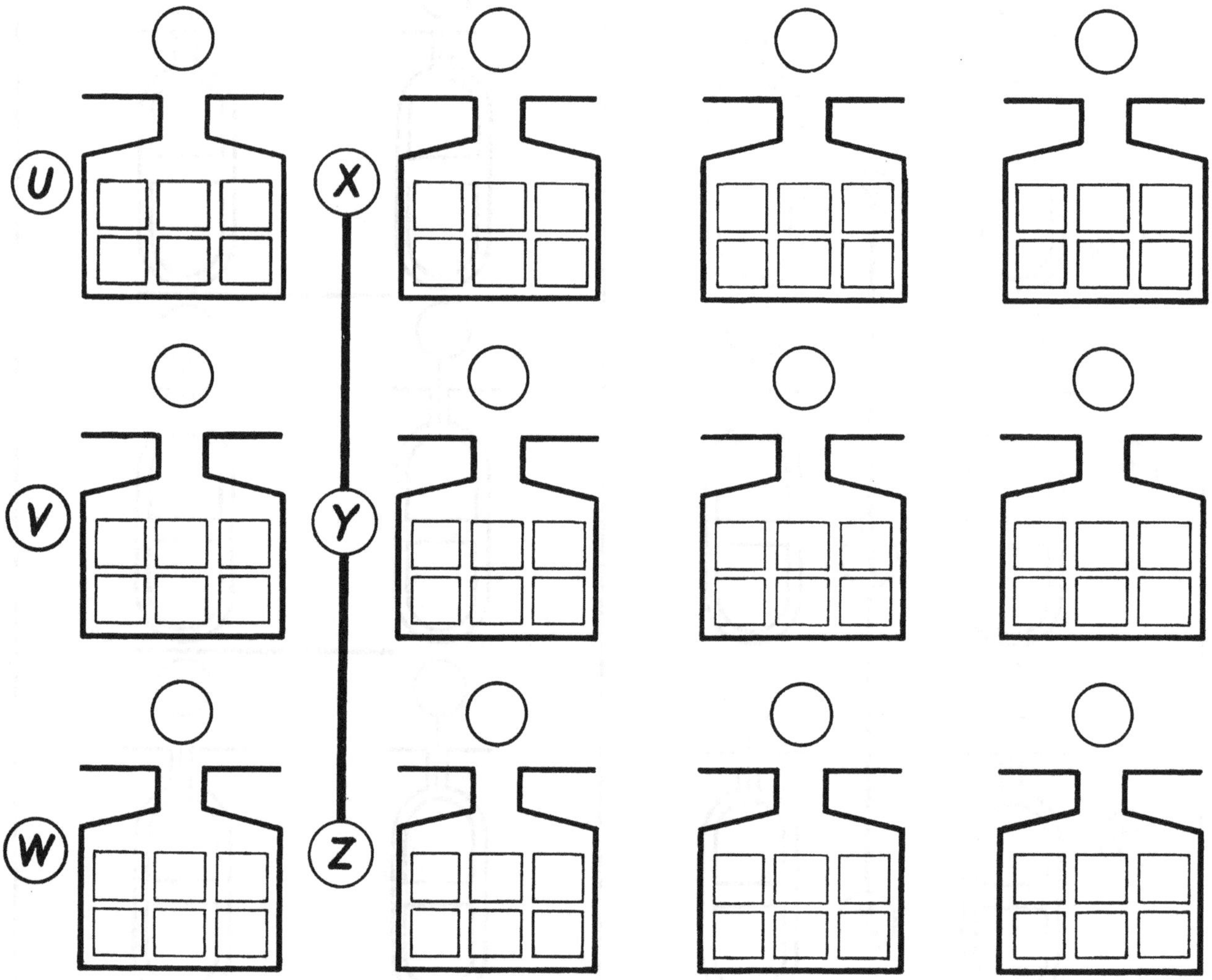

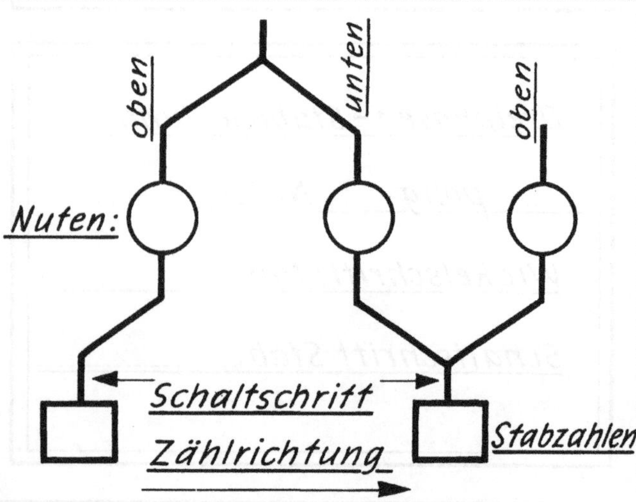

Dreiphasen-Zweischichten-Stabwicklung (Ständer und Läufer)

..........polig, ...Nuten, ...Stäbe

Wickelschritt: Nute ..... bis Nute ....

Schaltschritt: Stab ..... bis Stab ....

Stabschritte: ....

Umkehrschritt: + ...

Stäbe je Nute: ....

Nuten- u. Stabzahlen beachten!

Technischer Verlag Herbert Cram, Berlin W. 35

Bei Fragen zur Produktsicherheit wenden Sie sich bitte an:
If you have any questions regarding product safety,
please contact:

Walter de Gruyter GmbH
Genthiner Straße 13
10785 Berlin
productsafety@degruyterbrill.com